高等职业教育工程管理类专业"十四五"数字化新形态教材

建设监理职业理论与法规

沈万岳　陈　炜　主编
黄乐平　林滨滨　主审

中国建筑工业出版社

图书在版编目(CIP)数据

建设监理职业理论与法规 / 沈万岳, 陈炜主编.
北京: 中国建筑工业出版社, 2025.4. -(高等职业教
育工程管理类专业"十四五"数字化新形态教材).
ISBN 978-7-112-30721-0

Ⅰ. TU712

中国国家版本馆 CIP 数据核字第 2025BV6283 号

本教材共 14 个项目, 分别介绍了工程监理概念、工程监理企业及监理工程
师、工程监理组织机构、监理组织协调、工程监理目标控制、工程监理措施实施、
工程监理管理和安全履责、建设工程监理工作方法、监理规划编制、监理细则编
制、工程监理常用文件编写、建设监理相关法律法规、建设工程监理基本表式填
写、应用训练任务书和指导书。本教材体系设计合理、内容充实、力求以培养学
生的"三大能力"——专业能力、方法能力和社会能力为目标，通过学习能适应
工作岗位的能力要求。同时，教材与监理工程师培训要求相符合，具有监理工程
师所需的实务知识。

本教材可作为职业教育工程监理专业的教材，也可作为参加监理员或监理工
程师考试的培训指导教材，还可作为监理人员继续教育教材。

为了更好地支持相应课程的教学，我们向采用本书作为教材的教师提供课件，
有需要者可与出版社联系。建工书院：http://edu.cabplink.com，邮箱：jckj@
cabp.com.cn，电话：(010) 58337285。

*　　*　　*

责任编辑：聂　伟　杨　虹
责任校对：赵　菲

高等职业教育工程管理类专业"十四五"数字化新形态教材
建设监理职业理论与法规
沈万岳　陈　炜　主编
黄乐平　林滨滨　主审

*

中国建筑工业出版社出版、发行（北京海淀三里河路 9 号）
各地新华书店、建筑书店经销
北京红光制版公司制版
北京云浩印刷有限责任公司印刷

*

开本：787 毫米×1092 毫米　1/16　印张：10½　字数：259 千字
2025 年 7 月第一版　2025 年 7 月第一次印刷
定价：**34.00** 元（附数字资源及赠教师课件）
ISBN 978-7-112-30721-0
(43805)

前　言

工程建设监理是我国社会主义市场经济发展客观的要求和需要，它在提高工程建设质量、加快工程建设进度、控制工程建设投资等方面都发挥着重要作用。当前我国正处在建筑工业化、城镇化持续推进过程中，建设工程监理行业也在不断规范和改进中，从事监理工作的队伍也在不断壮大中。随着国家经济增速放缓并逐渐进入新常态，建设监理单位用人情况与以往也有较大的不同，在需要专业对口的同时更注重监理人能承担监理岗位工作职责的能力，对监理人员在职业过程中表现出来的综合品质，包含职业道德、职业技能、职业行为、职业作风和职业意识等方面素养有更高的要求。这就要求企业、行业培训机构、高职院校等在培养监理人员的时候，以市场需求为导向，创建适应中国特色监理的人才培养模式。我们要在优化课程设置、教学内容和方法手段、师资培养等方面，创新理论联系实际的学习方法，密切企业、行业培训机构和高职院校之间的联系，共同研究提高监理队伍素质的培养路径，切实提高学员的岗位工作能力，从而提升我国建设工程监理行业的整体水平。为贯彻落实《国务院办公厅关于促进建筑业持续健康发展的意见》（国办发〔2017〕19号）、《国务院办公厅转发住房城乡建设部关于完善质量保障体系提升建筑工程品质指导意见的通知》（国办函〔2019〕92号），进一步推进工程监理标准化进程，规范监理服务行为，政府、行业、学校和企业都在开展提高工程监理服务质量的课题研究，我国的工程建设监理职业理论正处于不断地发展和完善阶段。随着建设工程监理规范化、监理工作信息化、工程监理企业转型升级以及全过程工程咨询服务指南、工程监理职业技能竞赛指南、项目监理机构人员配置导则、项目管理服务标准、监理人员职业标准、监理工作标准、监理规程等的发布和建筑信息模型（BIM）的兴起，监理行业对从业人员在建筑信息管理、数智化技术、合同管理、造价控制和装配式建筑质量安全管理，以及各方协调上的要求，比以往任何时候都更重要。

本教材根据我国建设工程管理新发布的法律法规、技术标准和建设工程监理制度的有关规定，针对职业教育有关监理课程知识和能力的要求编写而成，较全面地阐述了建设工程监理的知识体系。同时参考了全国注册监理工程师考试相关用书、考试大纲，以及其他相关资料，从对建设工程监理的基本认识开始逐步展开，对监理体系的构成、组织和协调，目标控制，相关管理工作进行了较详细阐述。

本教材导言、项目1、项目2、项目4、项目12～项目14由浙江建设职业技术学院沈万岳老师编写。项目3、项目5～项目11由浙江建设职业技术学院陈炜老师编写。教材由沈万岳统稿，由浙江建设职业技术学院黄乐平和林滨滨老师主审。

本教材在编写过程中得到了浙江建设职业技术学院余春春和杭州大有置业有限公司方通华的指导，也得到了浙江省全过程工程咨询与监理管理协会、浙江信达咨询监理有限公司、浙江耀信工程咨询有限公司、杭州中新工程咨询管理有限公司、浙江天成项目管理有限公司、浙江泛华工程咨询有限公司、德邻联合工程有限公司、杭州天恒投资建设管理有限公司和杭州江东建设工程项目管理有限公司等单位领导和专家们的大力支持和关心，他们提出了许多宝贵意见，对提高本教材的编写质量大有裨益，在此表示衷心感谢。

本教材在编写过程中参阅了大量资料，谨向参考文献著者深表谢意。由于编者水平有限，书中疏漏、错误在所难免，恳请使用本教材的广大师生和读者不吝批评指正，以便我们再版时及时改正。

目　　录

导　　言

1. 课程性质

本课程的主要任务是帮助学生掌握建设工程监理基本概念、理论、方法、监理规划与监理实施细则的编制方法、建设工程监理相关法规，以提高监理工作理论水平。采用理实一体教学模式，进行建设工程监理概述、监理企业与监理工程师、项目监理机构和监理组织协调、建设工程目标控制和监理方法、监理规划及细则的编制、监理资料的收集、填写、整理等的教学，实现教、学、做的有机统一，达到会编制一般工程的监理规划和细则等文件，能填写监理员岗位职责范围内的监理资料，并能将各种工程建设监理资料进行整理与归档，能适应监理员岗位工作等教学目标，为学生可持续发展奠定良好的基础。本课程适用专业：建设工程监理专业和工程管理专业；学分学时：4 学分/64 学时；可以在大学二年级时开设。

2. 典型工作任务

掌握建设工程监理基本理论，工程监理企业资质规定及监理工程师的素质要求，工程监理组织机构设置，如何开展监理组织协调工作，进行工程监理目标控制和工程监理措施的实施，运用建设工程监理工作方法进行工程监理管理和安全履责，掌握监理规划与监理实施细则的作用、内容及编写要求等知识；工程监理人员完成编制一般工程的监理规划和细则等文件，填写监理员岗位职责范围内的监理资料，并将各种工程建设监理资料进行整理与归档等，需具备必要的思想政治素养，培养学生求真务实、实践创新、精益求精的工作作风；具有吃苦耐劳、追求卓越的工作态度。

3. 课程的学习目标

该课程的教学目标是通过本课程的教学，学生应具有现场监理的技术方法，掌握建筑工程监理规划、细则编制及监理资料的收集、编制、整理能力，从而能具有建设工程监理员、施工员等岗位群的职业岗位能力，为从事建筑工程监理的工作奠定良好的基础，并注重职业道德教育，提高学生的综合素质，为后续课程学习打下扎实的基础。

（1）课程思政育人目标

1）通过监理与全过程工程咨询知识的学习，形成创新、协调、绿色、开放、共享五大发展理念。

2）通过学习建设监理人员职业道德行为准则，强调职业操守，在职业活动中遵守行为规范。

3）学习项目监理机构组织协调方法，具有"求真务实、诚信和谐、开放图强"的精神。

4）通过合同管理、信息管理和安全生产管理的学习，形成法治观念，具有依法治国的理念、意识。

5）学习监理工作方式，强调爱岗敬业、忠于职守的事业精神。

（2）课程工作任务目标

1）对工程监理制度比较了解，对工程监理规范、法规比较熟悉。

2）熟悉建设工程监理的工作理念，及监理的权利、义务和责任。

3）掌握质量、造价、进度控制的措施和合同信息管理的方法，并能结合实际工程灵活运用。

4）掌握监理规划、细则等文件的基本内容。

5）能掌握工程建设监理资料管理要求。

（3）职业能力目标

通过本课程的学习获取相应职业能力，具备在真实的工作情境中整体化地解决综合性问题的能力，是从事一个（或若干相近）职业所必需的本领，是在职业工作、社会活动和私人生活中科学的思维、对个人和社会负责任行事的热情和能力。综合职业能力包括专业能力、解决问题的方法能力、社会与交流能力以及个性能力等。

1）会编制一般工程的监理规划和细则等文件。

2）能填写监理员岗位职责范围内的监理资料，并能将各种工程建设监理资料进行整理与归档。

3）能适应监理员岗位工作。

项目1　工程监理概念

知识目标

1. 了解：监理概念、特点、作用；
2. 熟悉：监理的工作内容；
3. 掌握：监理的工作依据。

能力目标

能明确监理的工作内容。

重点、难点、关键点

1. 重点：法律法规和规范中的监理的定义、职责和义务；
2. 难点：监理的工作内容；
3. 关键点：监理的工作依据。

教学过程

一、任务导入

1. 案例导入

导入案例1（码1-1），包含：

（1）建设工程监理相关服务收费标准

（2）直线制、职能制、矩阵制的监理部

（3）监理范围

（4）项目主要的五家责任主体单位

2. 引导思考

工程监理的基本概念。

3. 引出

工程监理概述：

（1）监理定义、特点、作用等

（2）工程类别

（3）监理的工作内容

（4）监理工作依据

码1-1　项目1案例

二、知识准备

1. 监理定义

建设工程监理是指工程监理单位受建设单位委托，根据法律法规、工程建设标准、勘察设计文件及合同，在施工阶段对建设工程质量、造价、进度进行控制，对合同信息进行管理，对工程建设相关方的关系进行协调，并履行建设工程安全生产管理法定职责的服务活动。

2. 监理特点

（1）建设工程监理的服务对象具有单一性，即我国的建设工程监理就是为建设单位服务的项目管理；

（2）建设工程监理属于强制推行的制度，即依靠行政手段和法律手段在全国范围内推行的；

（3）建设工程监理具有监督功能，即对承包单位施工过程和施工工序的监督、检查和验收，并实行旁站监理的规定；

（4）建设工程监理市场准入的双重控制，即采取企业资质和人员资格的双重控制。

3. 监理作用

（1）有利于提高工程投资决策的科学化水平；

（2）有利于规范工程建设各方的建设行为；

（3）有利于保证工程质量和使用安全；

（4）有利于提高工程的投资效益和社会效益。

4. 监理工作的内容

（1）协助业主确认总承包商；

（2）协助业主与承包商编制开工报告，协助业主办理开工手续；

（3）协助业主组织设计交底和施工图纸会审；

（4）审核承包商提出的施工组织设计、专项施工方案、施工进度计划、施工质量保证体系和施工安全保证体系等；

（5）督促、检查承包商严格执行工程承包合同和工程技术规范、标准，协调业主与承包商之间的关系；

（6）审核承包商或业主提供的材料、构配件和设备的数量与质量，以及协助业主确定无定额材料的单价；

（7）控制工程进度、质量和造价，督促、检查承包商落实施工安全保证措施；

（8）组织分项工程和隐蔽工程的检查、验收；

（9）负责施工现场工程量（或工作量）签证，签发工程付款凭证；

（10）督促承包商整理合同文件和技术档案资料；

（11）工程完工后，督促施工单位及时自行组织有关人员进行检查评定，并向监理部提交工程预验收申请报告；监理部收到其报告后负责组织工程有关方面进行工程预验收，对预验收中发现的问题及时以书面形式通知施工单位限期整改；

（12）督促施工单位在完成整改工作后，及时向业主方提交工程竣工验收报告；

（13）协助业主组织并参加工程竣工验收，整理监理工作资料；

（14）应业主要求审查（或参与审查）工程结算书；

（15）收集、整理、归档有关监理资料；

（16）保修期内实行监理回访制度，并提供监理咨询服务等。

5. 建设工程监理实施依据

建设工程监理实施依据包括法律法规、工程建设标准、勘察设计文件及合同。

（1）**法律法规：**包括《中华人民共和国建筑法》《中华人民共和国民法典》《中华人民共和国招标投标法》《建设工程质量管理条例》《建设工程安全生产管理条例》《中华人民共和国招标投标法实施条例》等法律法规；《工程监理企业资质管理规定》《注册监理工程师管理规定》等部门规章以及地方性法规等。

（2）**工程建设标准：**包括有关工程技术标准、规范、规程以及《建设工程监理规范》GB/T 50319—2013、《建设工程监理与相关服务收费管理规定》等。

（3）**勘察设计文件及合同：**包括批准的初步设计文件、施工图设计文件，建设工程监理合同以及与所监理工程相关的施工合同、材料设备采购合同等。

6. 建设工程监理实施程序

（1）组建项目监理机构

工程监理单位实施监理时，应在施工现场派驻项目监理机构，项目监理机构的组织形式和规模，可根据建设工程监理合同约定的服务内容、服务期限，以及工程特点、规模、技术复杂程度、环境等因素确定。总监理工程师应根据监理大纲和签订的建设工程监理合同组建项目监理机构人员，并在监理规划和具体实施计划执行中进行及时调整。

（2）收集工程监理有关资料

（3）编制监理规划及监理实施细则

（4）规范化地开展监理工作

1）工作的时序性。其是指工程监理各项工作都应按一定的逻辑顺序展开，使建设工程监理工作能有效地达到目的而不致造成工作状态的无序和混乱。

2）职责分工的严密性。建设工程监理工作是由不同专业、不同层次的专家群体共同来完成的，他们之间严密的职责分工是协调进行建设工程监理工作的前提和实现建设工程监理目标的重要保证。

3）工作目标的确定性。在职责分工的基础上，每一项监理工作的具体目标都应确定，完成的时间也应有明确的限定，从而能通过书面资料对建设工程监理工作及其效果进行检查和考核。

（5）参与工程竣工验收

（6）向建设单位提交建设工程监理文件资料

（7）进行监理工作总结

1）向建设单位提交的监理工作总结。

主要内容包括：工程概况；项目监理机构；建设工程监理合同履行情况；监理工作成效；监理工作中发现的问题及其处理情况；监理任务或监理目标完成情况评价；由建设单位提供的供项目监理机构使用的办公用房、车辆、试验设施等清单；表明建设工程监理工作终结的说明；其他说明和建议等。

2）向工程监理单位提交的监理工作总结。

主要内容包括：建设工程监理工作的成效和经验；建设工程监理工作中发现的问题、处理情况及改进建议。

7. 建设工程监理实施原则

（1）公平、独立、诚信、科学原则

（2）权责一致原则

工程监理单位实施监理是受建设单位的委托授权并根据有关建设工程监理法律法规而进行的。工程监理单位履行监理职责、承担监理责任，需要建设单位授予相应的权力。

同样，总监理工程师是工程监理单位履行建设工程监理合同的全权代表，由总监理工程师代表工程监理单位履行建设工程监理职责、承担建设工程监理责任，因此，工程监理单位应给予总监理工程师充分授权，体现权责一致原则。

（3）总监理工程师负责制原则

责任主体、权力主体、利益主体。

责任是总监理工程师负责制的核心，也是确定总监理工程师权力和利益的依据。

总监理工程师对社会公众利益负责，对建设单位投资效益负责，对所监理项目的监理效益负责。

（4）严格监理，热情服务原则

对施工单位进行严格监理，为建设单位提供热情服务。

热情服务就是运用合理的技能，谨慎而勤奋地工作。

（5）综合效益原则

建设工程监理活动既要考虑建设单位的经济利益，也必须考虑与社会效益和环境效益的有机统一。

（6）预防为主原则

（7）实事求是原则

三、拓展知识

建设单位（业主、项目法人）是建设工程监理任务的委托方，工程监理单位是监理任务的受托方。工程监理单位在建设单位的委托授权范围内从事专业化服务活动。与国际上一般的工程项目管理咨询服务不同，建设工程监理是一项具有中国特色的工程建设管理制度。

1. 建设工程监理的含义

建设工程监理的含义需要从以下几方面理解：

（1）建设工程监理行为主体

《中华人民共和国建筑法》（以下简称《建筑法》）第三十一条规定："实行监理的建筑工程，由建设单位委托具有相应资质条件的工程监理单位监理。"建设工程监理应当由具有相应资质的工程监理单位实施，由工程监理单位实施工程监理的行为主体是工程监理单位。建设工程监理不同于政府主管部门的监督管理。后者属于行政性监督管理，其行为主体是政府主管部门。同样，建设单位自行管理、工程总承包单位或施工总承包单位对分包单位的监督管理都不是工程监理。

（2）建设工程监理实施前提

《建筑法》第三十一条规定："建设单位与其委托的工程监理单位应当订立书面委托监理合同"。也就是说，建设工程监理的实施需要建设单位的委托和授权。工程监理单位只有与建设单位以书面形式订立建设工程监理合同，明确监理工作的范围、内容、服务期限和酬金，以及双方的义务、违约责任后，才能在规定的范围内实施监理。工程监理单位在委托监理的工程中拥有一定管理权限，是建设单位授权的结果。

（3）建设工程监理实施范围

目前，建设工程监理定位于工程施工阶段，工程监理单位受建设单位委托，按照建设工程监理合同约定，在工程勘察、设计、保修等阶段提供的服务活动均为相关服务。工程监理单位可以拓展自身的经营范围，为建设单位提供包括建设工程项目策划决策和建设实施全过程的项目管理服务。

（4）建设工程监理基本职责

建设工程监理的基本职责是在建设单位委托授权范围内，通过合同管理和信息管理，以及协调工程建设相关方的关系，控制建设工程质量、造价和进度三大目标，即："三控两管一协调"。此外，还需要履行建设工程安全生产管理的法定职责，这是《建设工程安全生产管理条例》赋予工程监理单位的社会责任。

2. 建设工程监理的性质

建设工程监理的性质可以概括为服务性、科学性、独立性和公平性四个方面。

（1）服务性

在工程建设中，工程监理人员利用自己的知识、技能和经验以及必要的试验、检测手段，为建设单位提供管理和技术服务。工程监理单位既不直接进行工程设计，也不直接进行工程施工；既不向建设单位承包工程，也不参与施工单位的利润分成。

工程监理单位的服务对象是建设单位，但不能完全取代建设单位的管理活动。工程监理单位不具有工程建设重大问题的决策权，只能在建设单位授权范围内采用规划、控制、协调等方法，控制建设工程质量、造价和进度，并履行建设工程安全生产管理的监理职责，协助建设单位在计划目标内完成工程建设任务。

（2）科学性

科学性是由建设工程监理的基本任务决定的。工程监理单位以协助建设单位实现其投资目的为己任，力求在计划目标内完成工程建设任务。由于工程建设规模日趋庞大，建设环境日益复杂，功能需求及建设标准越来越高，新技术、新工艺、新材料、新设备不断涌现，工程建设参与单位越来越多，工程风险日渐增加，工程监理单位只有采用科学的思想、理论、方法和手段，才能驾驭工程建设。

为了满足建设工程监理实际工作需求，工程监理单位应由组织管理能力强、工程建设经验丰富的人员担任领导；应有足够数量的、有丰富管理经验和较强应变能力的注册监理工程师组成的骨干队伍；应有健全的管理制度、科学的管理方法和手段；应积累丰富的技术、经济资料和数据；应有科学的工作态度和严谨的工作作风，能够创造性地开展工作。

（3）独立性

《建设工程监理规范》GB/T 50319—2013 要求，工程监理单位应公平、独立、诚信、科学地开展建设工程监理与相关服务活动。独立是工程监理单位公平地实施监理的基本前提。为此，《建筑法》第三十四条规定："工程监理单位与被监理工程的承包单位以及建筑材料、建筑构配件和设备供应单位不得有隶属关系或者其他利害关系。"

按照独立性要求，工程监理单位应严格按照法律法规、工程建设标准、勘察设计文件、建设工程监理合同及有关建设工程合同等实施监理。在建设工程监理工作过程中，必须建立项目监理机构，按照自己的工作计划和程序，根据自己的判断，采用科学的方法和手段，独立地开展工作。

（4）公平性

国际咨询工程师联合会（FIDIC）的《土木工程施工合同条件》（红皮书）自 1957 年发布以来，一直都保持着一个重要原则，要求（咨询）工程师"公正"（Impartiality），即不偏不倚地处理施工合同中有关问题。该原则也成为我国建设工程监理制度建立初期的一个重要性质。然而，在 FIDIC《施工合同条件》（新红皮书）（1999 年第一版）中，（咨询）工程师的公正性要求不复存在，只要求"公平"（Fair）。（咨询）工程师不充当调解人或仲裁人的角色，只是接受业主报酬负责进行施工合同管理。

与 FIDIC《土木工程施工合同条件》中的（咨询）工程师类似，我国工程监理单位受建设单位委托实施建设工程监理，也无法成为公正或不偏不倚的第三方，但需要公平地对待建设单位和施工单位。公平性是建设工程监理行业能够长期生存和发展的基本职业道德准则。特别是当建设单位与施工单位发生利益冲突或者矛盾时，工程监理单位应以事实为依据，以法律法规和有关合同为准绳，在维护建设单位合法权益的同时，不能损害施工单位的合法权益。例如，在调解建设单位与施工单位之间争议，处理费用索赔和工程延期，进行工程款支付控制及结算时，应尽量客观、公平地对待建设单位和施工单位。

3. 建设工程监理与政府工程质量监督的区别

建设工程监理与政府工程质量监督都属于工程建设领域的监督管理活动。但是，它们之间存在着明显的区别。

（1）建设工程监理的实施者是社会化、专业化的监理单位，而政府工程质量监督的执行者是政府建设行政主管部门的专业执行机构（工程质量监督机构）。工程建设监理属于社会的、民间的监督管理行为，而工程质量监督则属于政府行为。

（2）建设工程监理是在项目组织系统范围内的平等主体之间的横向监督管理，而政府工程质量监督则是项目组织系统外的监督管理主体对项目系统的建设行为主体进行的一种纵向监督管理。

（3）建设工程监理具有明显的委托性，而政府工程质量监督则具有明显的强制性。

（4）建设工程监理的工作范围是由监理合同决定，其活动可以贯穿于工程建设的全过程、全方位，而政府工程质量监督则一般只限于施工阶段。

（5）它们在工程质量方面的工作也存在着较大的区别。一是工作依据不尽相同。政府工程质量监督以国家、地方政府颁发的有关法律、法规和技术规范、标准为依据。而建设工程监理则不仅以法律、法规的技术规范、标准为依据，还以国家批准的工程项目建设文件和工程建设合同为依据。二是深度、广度不同。建设工程监理所进行的质量控制工作包括对项目质量目标详细规划，采取一系列综合控制措施，既要做到全方位控制又要做到事前、事中、事后控制，并持续在工程项目建设的各阶段。而政府工程质量监督则主要在工程项目建设的施工阶段，对工程质量进行阶段性的监督、检查、确认。三是工作权限不同。例如，政府工程质量监督机构拥有确认工程质量等级的权力，而监理单位则没有这项权力。四是工作方法和手段不同。建设工程监理主要采用组织管理的方法，从多方面采取措施进行项目质量控制。而政府工程质量监督则更侧重于行政管理的方法和手段。

4. 建设工程监理产生的背景

建设工程监理，在国外已有几百年的发展史，其起源可追溯到产业革命前的 16 世纪。它的产生和演进，与商品经济的发展、建设领域的专业化分工、生产的社会化相伴随，并日趋完善。

近五十年来，工业发达国家的建设监理向着规范化、制度化方向发展，并已成为工程建设管理的一项制度。一些发展中国家，也开始效仿发达国家的做法，结合本国的实际，成立或引进社会监理机构，对工程建设实行监理。世界银行和亚洲开发银行等国际金融机构，也都把实行监理作为提供建设贷款的条件之一。

1988 年以后，随着改革不断深化，一种对工程建设活动更全面、更完善的监督方式出现了，即在国际上已经通用的、行之有效的社会建设监理制引进了我国。首先一些利用世界银行贷款、亚洲银行贷款和中外合资的工程项目，按照贷款机构的要求和国际惯例，实行了这种制度，普遍取得了满意的效果。1988 年 7 月，建设部的《关于开展建设监理工作的通知》，提出了建设监理制度的初步规划和构想。从此，我国的建设监理制度拉开了序幕。

5. 中国建设工程监理发展的三阶段

第一阶段：1988—1992 年为试点阶段。1988 年 7 月 25 日建设部颁步了《关于开展建设监理工作的通知》，在北京、天津、上海、哈尔滨、南京、宁波、深圳、沈阳、交通部、能源部共八市两部进行监理工作的试点，在这期间上述的八市两部分别在设计院、研究所和学院的基础上组建了监理公司，并对一些建设项目实施了监理，取得了明显的效果。

第二阶段：1993—1995 年为稳步发展阶段。经过四年的试点工作，发展了一批监理公司，培养了一批监理人员，实施了一批工程项目的监理工作，为我国的建设监理发展奠定了基础。但是前四年的试点工作所产生的效应还没有扩展到全国，许多城市还没有成立监理公司或还没有工程项目实施监理，因此还有必要进一步发展试点阶段所取得的成果。这一阶段的重点是在全国每一个城市至少成立一个监理公司和至少实施一个工程项目的监理工作，为把建设监理推广到全国打下良好的基础。

第三阶段：1996—2000 年为全面推广阶段。又经过二年的发展，全社会对建设监理的认识有了很大的提高，主动委托监理的项目不断增加。同时，监理人员经过多年的探索和实践，逐步建立起一套比较规范的监理工作方法和制度。监理单位作为市场主体之一，与建设单位、承包单位、政府主管部门的关系日益清晰，尤其监理单位与建设单位的责权利关系所形成的委托监理合同内容日益规范。因此在全国推行监理制度、实现产业化，使监理制度规范、统一、有效已是势在必行。建设部与国家计委于 1995 年 12 月 15 日联合发布《工程建设监理规定》，标志着我国建设监理向全国全面推广。

1997 年颁布的《中华人民共和国建筑法》规定，国家推行建设工程监理制度，从而使建设工程监理在全国范围内进入全面推行阶段。

6. 全过程工程咨询的含义及特点

"培育全过程工程咨询"的提出，有其鲜明的时代背景。

首先，是为了完善工程建设组织模式，将传统"碎片化"咨询服务整合为整体集成化咨询服务。

其次，是为了适应工程咨询类企业转型升级、拓展业务领域的实际需求。

最后，是为了更好地适应国际化发展需求。

（1）全过程工程咨询的含义

所谓全过程工程咨询，是指工程咨询方综合运用多学科知识、工程实践经验、现代科学技术和经济管理方法，采用多种服务方式组合，为委托方在项目投资决策、建设实施乃至运营维护阶段持续提供局部或整体解决方案的智力性服务活动。

全过程工程咨询服务内容包括投资决策综合性咨询和工程建设全过程咨询。

（2）全过程工程咨询的特点

与传统"碎片化"咨询相比，全过程工程咨询具有以下三大特点：

1）咨询服务范围广。

一是从服务阶段看，全过程工程咨询覆盖项目投资决策、建设实施（设计、招标、施工）全过程集成化服务，有时还包括运营维护阶段咨询服务；

二是从服务内容看，全过程工程咨询包含技术咨询和管理咨询，而不只是侧重于管理咨询。

2）强调智力性策划。

3）实施多阶段集成。

7. 全过程工程咨询的本质和实施策略

（1）全过程工程咨询的本质

首先，要将"制度"与"模式"相区别。

全过程工程咨询是一种工程建设组织模式，不是一种制度。工程监理、工程招标投标等属于制度，制度的本质是"强制性"；而模式的本质是"选择性"。全过程工程咨询可包含工程监理，但不是替代关系。

其次，要将"全过程工程咨询"与"项目管理服务"相区别。

全过程工程咨询强调技术、经济、管理的综合集成服务；而项目管理服务主要侧重于管理咨询。

绝不能用"项目管理服务"或"工程代建"替代"全过程工程咨询"。

最后，要将"全过程"与"全寿命期"相区别。

全过程工程咨询业务可以覆盖项目投资决策、建设实施全过程，但并非每一个项目都需要从头到尾进行咨询，也可以是其中若干阶段。可将项目运营维护期咨询看作是全过程工程咨询的"外延"。

（2）全过程工程咨询实施策略

全过程工程咨询的核心是通过采用一系列工程技术、经济、管理方法和多阶段集成化服务，为委托方提供增值服务。

工程监理企业要想发展为全过程工程咨询企业，需要在以下几方面做出努力：

1）加大人才培养引进力度。

2）优化调整企业组织结构。

3）创新工程咨询服务模式。

4）加强现代信息技术应用。

5）重视知识管理平台建设。

四、工程监理概念任务书

1. 小组训练任务

了解××工程项目监理工作内容和职责。

2. 背景资料

××工程项目概况，及相关规范、资料等。

3. 任务步骤

收集样本→对照任务→理清原理→确定形式→任务分解→按要求完成提交→小组讨论、总结、评价。

小组成员先各自收集资料，每个小组成员整理自己的资料内容，先进行内部讨论，整理出内容、格式、相关要求、原理、依据等，确定初步任务步骤。组员进行角色扮演，对号入座。组长进行任务分工，要求每位组员都有相应的任务；每个人应该都要说出自己的观点。最终形成一致的观点，完成小组训练任务。

4. 任务提示

（1）工程监理的定义是什么？

（2）实施监理的前提是什么？

（3）监理的实施依据有哪些？

（4）建筑工程监理具有什么性质？

（5）监理的工作内容主要分为几个阶段？每个阶段的内容分别是什么？

（6）根据以上收集的内容，可先上网或图书馆查阅相关资料，围绕工程项目考虑监理人员的职责和工作内容有哪些？

提示：（1）建设工程监理的主要内容是通过合同管理、信息管理和组织协调的手段，控制建设工程质量、造价和进度目标，并履行建设工程安全生产管理的法定职责。可从"三控两管一协调"方向入手。（2）参考本教材、《建设工程监理规范》GB/T 50319—2013 相关内容。

5. 任务要求

（1）围绕以上问题了解该工程项目监理工作内容和职责，给出小组结论并阐述小组理由，要求以 PPT 加 Word 的形式展示。

要求 PPT 内容简洁，板式清晰，观点明确，篇幅以 5～6 页为宜。Word 方案内容具体，格式合理，首页标题醒目，黑体小初，要求有目录，正文一级标题：黑体小 3 号，2 倍行距，二级标题：黑体 4 号，2 倍行距，段落文字级：宋体 5 号，1.25 倍行距。

（2）完成《建设工程监理规范》GB/T 50319—2013 和建设工程监理法律法规等资料的收集。

（3）请同学们给出合适的小组结果，并将结果填写到在线学习平台，提交给老师。

（4）提交完毕后，小组可进行再次讨论，对本次完成的成果进行一次评价与个人总结，总结自身的收获与不足之处；也可对讨论过程提出意见。

五、习题

1. 单选题

(1) ( )是指具有相应资质的工程监理企业,接受建设单位的委托,承担其项目管理,并代表建设单位对承建单位的建设进行监督管理的专业化服务活动。

A. 建设工程管理   B. 建设工程监理

C. 建设工程指导   D. 建设工程保护

(2) 根据《建设工程质量管理条例》规定,工程监理单位应当代表建设单位对施工质量实施监理,并对施工质量承担( )责任。

A. 损害赔偿   B. 民事

C. 监理   D. 连带

(3) 监理工作规范化的体现不包括( )。

A. 工作的时序性   B. 职责分工的严密性

C. 完成目标的准确性   D. 工作目标的确定性

(4) 总监理工程师编制监理规划,对监理工作进行总结、监督、评价,这体现了他是建设工程监理的( )主体。

A. 决策   B. 权力

C. 利益   D. 行为

(5) 下列关于建设项目管理类型的说法中,错误的是( )。

A. 按管理主体不同,可分为业主的项目管理、施工单位的项目管理和设计单位的项目管理

B. 按服务对象不同,可分为为业主服务的项目管理、为设计单位服务的项目管理和为施工单位服务的项目管理

C. 按服务阶段不同,可分为施工阶段的项目管理、实施阶段全过程的项目管理和工程建设全过程的项目管理

D. 按控制主体不同,可分为业主的项目管理、监理单位的项目管理和政府的项目管理

(6) 根据我国建设工程监理程序的规定,监理单位开展监理工程的第一步是( )。

A. 编制建设工程监理规划   B. 签订监理合同

C. 接受监理任务   D. 组建项目管理机构

(7) 在实施建设工程监理的过程中,收集完建设工程监理的有关资料之后,进行的工作是( )。

A. 编制建设工程监理大纲   B. 编制监理规划及监理实施细则

C. 组建项目监理机构   D. 向建设单位提交工程监理文件资料

(8) 在施工现场监理工作全部完成或建设工程监理合同终止时,项目监理机构可撤离施工现场,撤离施工现场前,应由( )书面通知建设单位,并办理相关交接手续。

A. 分包单位   B. 设计单位

C. 监理单位   D. 总包单位

(9) 建设工程监理实施程序中,编制监理规划及监理实施细则的后续工作是( )。

A. 编制建设工程监理大纲　　　　　　　B. 编制项目管理规划

C. 规范化地开展监理工作　　　　　　　D. 向建设单位提交工程监理文件资料

2. 多选题

(1) 服务性是建设工程监理的一项重要性质，其管理服务的内涵表现为(　　)。

A. 监理工程师具有丰富的管理经验和应变能力

B. 主要方法是规划、控制、协调

C. 建设工程投资、进度和质量控制为主要任务

D. 与承建单位没有利害关系为原则

E. 基本目的是协助建设单位在计划的目标内将建设工程建成投入使用

(2) 在执行建设工程监理的过程中，下列能够体现建设工程监理科学性的有(　　)。

A. 工程监理人员利用自己的知识、技能为建设单位提供监理服务

B. 应积累丰富的技术、经济资料和数据

C. 工程监理的服务对象是建设单位，但不能完全取代建设单位的管理活动

D. 工程监理单位应当由组织管理能力强、工程建设经验丰富的人员担任领导

E. 有科学的工作态度和严谨的工作作风，能够创造性地开展工作

(3) 建设工程实施阶段监理所依据的有关建设工程合同包括(　　)。

A. 咨询合同　　　　　　　　　　　　　B. 勘察合同

C. 设计合同　　　　　　　　　　　　　D. 施工合同

E. 设备采购合同

(4) 建设工程监理的主要方法包括(　　)。

A. 观察　　　　　　　　　　　　　　　B. 规划

C. 控制　　　　　　　　　　　　　　　D. 协调

E. 预测

(5) 监理工作完成后，向建设单位提交的监理工作总结的主要内容包括(　　)。

A. 建设工程监理合同履行情况概述

B. 监理任务或监理目标完成情况评价

C. 表明工程监理工作终结的说明

D. 工程监理工作的成效和经验

E. 由建设单位提供的供项目监理机构使用的办公用房、车辆、试验设施等的清单

码1-2 习题参考答案

项目 2　工程监理企业及监理工程师

知识目标

1. 了解：监理企业组织形式、资质管理规定；
2. 熟悉：监理委托方式、企业组织的形式和适用范围；
3. 掌握：监理企业资质、人员资格规定、监理收费标准。

能力目标

1. 能区分监理的资质等级；
2. 能区分工程类别并进行监理收费。

重点、难点、关键点

1. 重点：监理企业资质等级划分；
2. 难点：监理合理收费的把握；
3. 关键点：监理企业组织形式的分类。

教学过程

一、任务导入

1. 案例导入

某监理单位资质等级为乙级，有正式在职工程技术和管理人员 16 人，其中 8 人为中级职称，其余为初级职称和无职称者；5 人有监理工程师资格证书，最长工作年限为 9 年。该监理单位通过非正规方法取得一幢 26 层综合大楼建设工程项目施工阶段监理任务。该建设工程项目预算造价为 2 亿元。建设单位以本单位工程部人员参加监理进行合作监理为由，让监理单位给建设单位 10 万元。在监理过程中，由于监理单位为被监理方提供方便，监理单位接受被监理方生活补贴费 6 万元。

问题：该监理单位本身及其行为有哪些违反国家规定？

2. 引导思考

监理企业有哪几类企业资质？

3. 引出

工程监理企业资质：

（1）工程监理企业资质管理

（2）工程监理企业组织形式

（3）工程监理企业经营活动准则

（4）建设工程监理规范与收费标准

二、知识准备

1. 监理企业

（1）监理企业资质规定

2007年6月26日中华人民共和国建设部令第158号发布《工程监理企业资质管理规定》，根据2015年5月4日中华人民共和国住房和城乡建设部令第24号《住房和城乡建设部关于修改〈房地产开发企业资质管理规定〉等部门规章的决定》第一次修正，根据2016年9月13日中华人民共和国住房和城乡建设部令第32号《住房城乡建设部关于修改〈勘察设计注册工程师管理规定〉等11个部门规章的决定》第二次修正，根据2018年12月22日中华人民共和国住房和城乡建设部令第45号《住房城乡建设部关于修改〈建筑业企业资质管理规定〉等部门规章的决定》第三次修正。

从事建设工程监理活动的企业，应当按照《工程监理企业资质管理规定》取得工程监理企业资质，并在工程监理企业资质证书许可的范围内从事工程监理活动。

工程监理企业资质分为综合资质、专业资质和事务所资质。其中，专业资质按照工程性质和技术特点划分为若干工程类别。

综合资质、事务所资质不分级别。专业资质分为甲级、乙级；其中，房屋建筑、水利水电、公路和市政公用专业资质可设立丙级。

综合资质可以承担所有专业工程类别建设工程项目的工程监理业务。

（2）监理企业经营活动准则

1）守法，即遵守法律法规。对于工程监理企业而言，守法就是要依法经营。

2）诚信，要求市场主体在不损害他人利益和社会公共利益的前提下，追求自身利益，目的是在当事人之间的利益关系和当事人与社会之间的利益关系中实现平衡，并维护市场道德秩序。

3）公平，是指工程监理企业在监理活动中既要维护建设单位利益，又不能损害施工单位合法权益。

4）科学，是指工程监理企业要依据科学的方案，运用科学的手段，采取科学的方法开展监理工作。工程监理工作结束后，还要进行科学的总结。

（3）工程监理企业组织形式

根据《中华人民共和国公司法》（以下简称《公司法》），公司制工程监理企业，主要有两种形式，即有限责任公司和股份有限公司。

1）有限责任公司

① 公司设立条件

有限责任公司由50个以下股东出资设立。设立有限责任公司，应当具备下列条件：

ⓐ 股东符合法定人数；

ⓑ 股东出资达到法定资本最低限额；

ⓒ 股东共同制定公司章程；

ⓓ 有公司名称，建立符合有限责任公司要求的组织机构；

ⓔ 有公司住所。

② 公司注册资本

有限责任公司的注册资本为在公司登记机关登记的全体股东认缴的出资额。

③ 公司组织机构

ⓐ 股东会。股东会是公司的权力机构。

ⓑ 董事会。有限责任公司设董事会，其成员为 3～13 人。股东人数较少或者规模较小的有限责任公司，可以设 1 名执行董事，不设董事会。执行董事可以兼任公司经理。

ⓒ 经理。有限责任公司可以设经理，由董事会决定聘任或者解聘。经理对董事会负责，行使公司管理职权。

ⓓ 监事会。有限责任公司设监事会，其成员不得少于 3 人。股东人数较少或者规模较小的有限责任公司，可以设 1～2 名监事，不设监事会。

2）股份有限公司

股份有限公司的设立，可以采取发起设立或者募集设立的方式。

① 公司设立条件

设立股份有限公司，应当有 2 人以上、200 人以下为发起人，其中须有半数以上的发起人在中国境内有住所。设立股份有限公司，应当具备下列条件：

ⓐ 发起人符合法定人数；

ⓑ 有符合公司章程规定的全体发起人认购的股本总额或者募集的实收股本总额；

ⓒ 股份发行、筹办事项符合法律规定；

ⓓ 发起人制定公司章程，采用募集方式设立的，经创立大会通过；

ⓔ 有公司名称，建立符合股份有限公司要求的组织机构；

ⓕ 有公司住所。

② 公司注册资本

股份有限公司采取发起设立方式设立的，注册资本为在公司、机关登记的全体发起人认购的股本总额。

股份有限公司采取募集方式设立的，注册资本为在公司登记机关登记的实收股本总额。

③ 公司组织机构

ⓐ 股东大会。股东大会是公司的权力机构。

ⓑ 董事会。股份有限公司设董事会，其成员为 5～19 人。上市公司需要设立独立董事和董事会秘书。

ⓒ 经理。股份有限公司设经理，由董事会决定聘任或者解聘。公司董事会可以决定由董事会成员兼任经理。

ⓓ 监事会。股份有限公司设监事会，其成员不得少于 3 人。

（4）建设工程监理招标方式和程序

建设工程招标可分为公开招标和邀请招标。

1）公开招标

① 国有资金占控股或者主导地位等依法必须进行监理招标的项目，应当采用公开招标方式委托监理任务。

② 属于非限制性竞争招标。

③ 优点

能够充分体现招标信息公开性、招标程序规范性、投标竞争公平性，有助于打破垄断，实现公平竞争。公开招标可使建设单位有较大的选择范围，可在众多投标人中选择经验丰富、信誉良好、价格合理的工程监理单位，能够大大降低串标、围标、抬标和其他不正当交易的可能性。

④ 缺点

准备招标、资格预审和评标的工作量大，招标时间长、招标费用较高。

2）邀请招标

① 属于有限竞争性招标，也称为选择性招标。

② 建设单位不需要发布招标公告，也不进行资格预审（但可组织必要的资格审查）。

③ 优点：可节约招标费用，缩短招标时间。

④ 缺点：选择投标人的范围和投标人竞争的空间有限，可能会失去技术和报价方面有竞争力的投标者，失去理想中标人，达不到预期竞争效果。

3）资格审查的形式

① 资格预审：排除不合格的投标人，降低招标人的招标成本，提高招标工作效率。

② 资格后审：由评标委员会根据招标文件中规定的资格审查因素、方法和标准，对投标人资格进行审查。

工程监理资格审查大多采用资格预审的方式进行。

4）招标文件组成

招标文件既是投标人编制投标文件的依据，也是招标人与中标人签订建设工程监理合同的基础。招标文件一般应由以下内容组成：

① 招标公告（或投标邀请书）；

② 投标人须知；

③ 评标办法；

④ 合同条款及格式；

⑤ 委托人要求；

⑥ 投标文件格式。

5）签订工程监理合同

招标人与中标人应当自发出中标通知书之日起 30 日内，依据中标通知书、招标文件中的合同构成文件签订工程监理合同。

（5）建设工程监理评标内容和方法

1）监理招标的标的是"监理服务"，选择监理单位最重要的原则是"基于能力的选择"。

2）工程监理评标办法中，通常会将下列要素作为评标内容：

① 工程监理单位的基本素质；

② 工程监理人员配备；

③ 建设工程监理大纲；

④ 试验检测仪器设备及其应用能力；

⑤ 建设工程监理费用报价。

监理工程收费标准：建设工程监理服务收费＝建设工程监理服务收费基准价×(1±浮动幅度值)；建设工程监理服务收费基准价＝建设工程施工监理服务收费基价(表2-1)×专业调整系数×工程复杂程度调整系数×高程调整系数。

如造价2588万元的装修工程，海拔高程为100m，拟定本工程施工监理服务收费报价详细计算过程如下：

建设工程施工监理服务收费基价＝30.1＋(78.1－30.1)×(2588－1000)/(3000－1000)＝30.1＋38.112＝68.212万元

实际投标报价计算过程：

建设工程监理服务收费基准价＝[30.1＋(78.1－30.1)×(2588－1000)/(3000－1000)]×专业调整系数1.0×工程复杂程度调整系数1.0×高程调整系数1.0＝68.212万元

ⓐ 专业调整系数是对不同专业建设工程的施工监理工作复杂程度和工作量差异进行调整的系数。计算施工监理服务收费时，专业调整系数在表2-2中查找确定。

ⓑ 工程复杂程度调整系数是对同一专业建设工程的施工监理复杂程度和工作量差异进行调整的系数。工程复杂程度分为一般、较复杂和复杂三个等级，其调整系数分别为：一般（Ⅰ级）0.85；较复杂（Ⅱ级）1.0；复杂（Ⅲ级）1.15。计算施工监理服务收费时，工程复杂程度在表2-3中查找确定。

ⓒ 高程调整系数如下：

海拔高程2001m以下为1；

海拔高程2001～3000m为1.1；

海拔高程3001～3500m为1.2；

海拔高程3501～4000m为1.3；

海拔高程4001m以上，高程调整系数由发包人和监理人协商确定。

建设工程施工监理服务收费基价表　　　　　　　　　　表2-1

单位：万元

序号	计费额	收费基价
1	500	16.5
2	1000	30.1
3	3000	78.1
4	5000	120.8
5	8000	181.0
6	10000	218.6
7	20000	393.4
8	40000	708.2
9	60000	991.4
10	80000	1255.8
11	100000	1507.0
12	200000	2712.5

序号	计费额	收费基价
13	400000	4882.6
14	600000	6835.6
15	800000	8658.4
16	1000000	10390.1

注：计费额大于1000000万元的，以计费额乘以1.039％的收费率计算收费基价。其他未包含的其收费由双方协商议定。

建设工程施工监理服务收费专业调整系数表　　　　表 2-2

工程类型	专业调整系数
1. 矿山采选工程	
黑色、有色、黄金、化学、非金属及其他矿采选工程	0.9
选煤及其他煤炭工程	1.0
矿井工程、铀矿采选工程	1.1
2. 加工冶炼工程	
冶炼工程	0.9
船舶水工工程	1.0
各类加工工程	1.0
核加工工程	1.2
3. 石油化工工程	
石油工程	0.9
化工、石化、化纤、医药工程	1.0
核化工工程	1.2
4. 水利电力工程	
风力发电、其他水利工程	0.9
火电工程、送变电工程	1.0
核能、水电、水库工程	1.2
5. 交通运输工程	
机场场道、助航灯光工程	0.9
铁路、公路、城市道路、轻轨及机场空管工程	1.0
水运、地铁、桥梁、隧道、索道工程	1.1
6. 建筑市政工程	
园林绿化工程	0.8
建筑、人防、市政公用工程	1.0
邮政、电信、广播电视工程	1.0
7. 农业林业工程	
农业工程	0.9
林业工程	0.9

建筑、人防工程复杂程度表　　　　　表 2-3

等级	工程特征
Ⅰ级	1. 高度＜24m 的公共建筑和住宅工程； 2. 跨度＜24m 的厂房和仓储建筑工程； 3. 室外工程及简单的配套用房； 4. 高度＜70m 的高耸构筑物
Ⅱ级	1. 24m≤高度＜50m 的公共建筑工程； 2. 24m≤跨度＜36m 的厂房和仓储建筑工程； 3. 高度≥24m 的住宅工程； 4. 仿古建筑，一般标准的古建筑、保护性建筑以及地下建筑工程； 5. 装饰、装修工程； 6. 防护级别为四级及以下的人防工程； 7. 70m≤高度＜120m 的高耸构筑物
Ⅲ级	1. 高度≥50m 的公共建筑工程，或跨度≥36m 的厂房和仓储建筑工程； 2. 高标准的古建筑、保护性建筑； 3. 防护级别为四级以上的人防工程； 4. 高度≥120m 的高耸构筑物

3）建设工程监理评标方法

建设工程监理评标通常采用"综合评估法"，即：通过衡量投标文件是否最大限度地满足招标文件中规定的各项评价标准，对技术、企业资信、服务报价等因素进行综合评价从而确定中标人。

综合评估法又称打分法、百分制计分评价法。通常是在招标文件中明确规定需量化的评价因素及其权重，评标委员会根据投标文件内容和评分标准逐项进行分析记分、加权汇总，计算出各投标单位的综合评分，然后按照综合评分由高到低的顺序确定中标候选人或直接选定得分最高者为中标人。

综合评估法是我国各地广泛采用的评标方法，其特点是量化所有评标指标，由评标委员会专家分别打分，减少了评标过程中的相互干扰，增强了评标的科学性和公正性。需要注意的是，评标因素指标的设置和评分标准分值或权重的分配，应能充分评价工程监理单位的整体素质和综合实力，体现评标的科学、合理性。

（6）建设工程监理投标工作内容

建设工程监理投标是一项复杂的系统性工作，其内容包括投标决策、策划、文件编制、开标、答辩、评估等内容。

1）投标决策原则

① 充分衡量自身人员和技术实力能否满足工程项目要求，且要根据工程监理单位自身实力、经验和外部资源等因素来确定是否参与竞标。

② 充分考虑国家政策、建设单位信誉、招标条件、资金落实情况等，保证中标后工程项目能顺利实施。

③ 集中优势力量参与一个较大工程监理投标。

④ 对于竞争激烈、风险较大或把握性不大的工程项目，应主动放弃投标。

2）常用的投标决策定量分析方法有综合评价法和决策树法。

3）决策树法

决策树法是适用于风险型决策分析的一种简便易行的实用方法。

该方法用一种树状图表示决策过程，通过事件出现的概率和损益期望值的计算，帮助决策者对行动方案作出选择。

当工程监理单位不考虑竞争对手的情况时（投标时往往事先不知道参与投标的竞争对手），仅根据自身实力决定某些工程是否投标及如何报价时，则是典型的风险型决策问题，可采用决策树法进行分析。

4）投标文件编制依据

①国家及地方有关工程监理投标的法律法规及政策；②建设工程监理招标文件；③企业现有的设备资源；④企业现有的人力及技术资源；⑤企业现有的管理资源。

5）监理大纲

工程监理投标文件的核心是反映监理服务水平高低的监理大纲。

监理大纲一般应包括：①工程概述；②监理依据和监理工作内容；③建设工程监理实施方案；④建设工程监理难点、重点及合理化建议。

6）建设工程监理实施方案主要内容

①针对建设单位委托监理工程的特点，拟定监理工作指导思想、工作计划；②主要管理措施、技术措施以及控制要点；③拟采用的监理方法和手段；④监理工作制度和流程；⑤监理文件资料管理和工作表式；⑥拟投入的资源等。

（7）建设工程监理合同订立

1）建设工程监理合同的特点

① 监理合同是一种委托合同。

② 监理合同当事人双方应是具有民事权利能力和民事行为能力、具有法人资格的企事业单位及其他社会组织，个人在法律允许的范围内也可以成为合同当事人。

③ 监理合同委托的工作内容必须符合法律法规、有关工程建设标准、勘察设计文件及合同。

④ 监理合同的标的是服务。

2）通用合同条款

通用合同条款包括：一般约定、委托人义务、委托人管理、监理人义务、监理要求、开始监理和完成监理、监理责任与保险、合同变更、合同价格与支付、不可抗力、违约、争议解决共计 12 个方面。

3）专用合同条款

专用合同条款是对通用合同条款的细化、完善、补充、修改或另行约定的条款。合同当事人可根据不同工程特点及具体情况，通过谈判、协商对相应通用合同条款进行修改、补充。

4）合同附件格式

合同附件格式是订立合同时采用的规范化文件，包括合同协议书和履约保证金格式。

① 合同协议书

合同协议书是合同组成文件中唯一需要委托人和监理人签字盖章的法律文书。合同协议书除明确规定对当事人双方有约束力的合同组成文件外，订立合同时还需要明确填写的内容包括委托人和监理人名称；实施监理的项目名称；签约合同价；总监理工程师；监理工作质量符合的标准和要求；监理人计划开始监理的日期和监理服务期限。

② 履约保证金格式

履约担保采用保函形式，履约保函标准格式主要有以下特点：

ⓐ 担保期限。自委托人与监理人签订的合同生效之日起，至委托人签发工程竣工验收证书之日起 28 天后失效。

ⓑ 担保方式。采用无条件担保方式。

③ 合同文件解释顺序

合同协议书与下列文件一起构成合同文件：

ⓐ 中标通知书；

ⓑ 投标函及投标函附录；

ⓒ 专用合同条款；

ⓓ 通用合同条款；

ⓔ 委托人要求；

ⓕ 监理报酬清单；

ⓖ 监理大纲；

ⓗ 其他合同文件。

上述合同文件互相补充和解释。如果合同文件之间存在矛盾或不一致之处，以上述文件的排列顺序在先者为准。

（8）建设工程监理合同履行

1）委托人主要义务

① 除专用合同条款另有约定外，委托人应在合同签订后 14 天内，将委托人代表的姓名、职务、联系方式、授权范围和授权期限书面通知监理人，由委托人代表在其授权范围和授权期限内，代表委托人行使权利、履行义务和处理合同履行中的具体事宜。委托人更换委托人代表的，应提前 14 天将更换人员的姓名、职务、联系方式、授权范围和授权期限书面通知监理人。

② 委托人应按约定的数量和期限将专用合同条款约定由委托人提供的文件（包括规范标准、承包合同、勘察文件、设计文件等）交给监理人。

③ 委托人应在收到预付款支付申请后 28 天内，将预付款支付给监理人。

④ 符合专用合同条款约定的开始监理条件的，委托人应提前 7 天向监理人发出开始监理通知。监理服务期限自开始监理通知中载明的开始监理日期起计算。

⑤ 委托人应按合同约定向监理人发出指示，委托人的指示应盖有委托人单位公章，并由委托人代表签字确认。在紧急情况下，委托人代表或其授权人员可以当场签发临时书面指示。委托人代表应在临时书面指示发出后 24 小时内发出书面确认函，逾期未发出书面确认函的，该临时书面指示应被视为委托人的正式指示。

⑥ 委托人应在专用合同条款约定的时间内，对监理人书面提出的事项做出书面答复；逾期没有做出答复的，视为已获得委托人批准。

⑦ 委托人应当及时接收监理人提交的监理文件。如无正当理由拒收的，视为委托人已接收监理文件。委托人接收监理文件时，应向监理人出具文件签收凭证，凭证内容包括文件

名称、文件内容、文件形式、份数、提交和接收日期、提交人与接收人的亲笔签名等。

⑧ 委托人应在收到中期支付或费用结算申请后的 28 天内，将应付款项支付给监理人。委托人未能在前述时间内完成审批或不予答复的，视为委托人同意中期支付或费用结算申请。委托人不按期支付的，按专用合同条款的约定支付逾期付款违约金。

⑨ 委托人要求监理人进行外出考察、试验检测、专项咨询或专家评审时，相应费用不含在合同价格之中，由委托人另行支付。

⑩ 监理人提出的合理化建议降低工程投资、缩短施工期限或者提高工程经济效益的，委托人应按专用合同条款约定给予奖励。

2）委托人违约

在合同履行中发生下列情况之一的，属委托人违约：

① 委托人未按合同约定支付监理报酬；

② 委托人原因造成监理停止；

③ 委托人无法履行或停止履行合同；

④ 委托人不履行合同约定的其他义务。

委托人发生违约情况时，监理人可向委托人发出暂停监理通知，要求其在限定期限内纠正；逾期仍不纠正的，监理人有权解除合同并向委托人发出解除合同通知。委托人应当承担由于违约所造成的费用增加、周期延误和监理人损失等。

3）监理人违约

在合同履行中发生下列情况之一的，属监理人违约：

① 监理文件不符合规范、标准及合同约定；

② 监理人转让监理工作；

③ 监理人未按合同约定实施监理并造成工程损失；

④ 监理人无法履行或停止履行合同；

⑤ 监理人不履行合同约定的其他义务。

监理人发生违约情况时，委托人可向监理人发出整改通知，要求其在限定期限内纠正；逾期仍不纠正的，委托人有权解除合同并向监理人发出解除合同通知。监理人应当承担由于违约所造成的费用增加、周期延误和委托人损失等。

2. 监理工程师

注册监理工程师：取得国务院建设主管部门颁发的中华人民共和国监理工程师执业资格证书，从事建设工程监理及相关服务等活动的人员。

总监理工程师：由工程监理单位法定代表人书面任命，负责履行建设工程监理合同、主持项目监理机构工作的注册监理工程师或符合《项目监理机构人员配置标准（试行）》（房屋建筑工程部分）规定的其他工程技术、经济类注册人员。

总监理工程师代表：经工程监理单位法定代表人同意，由总监理工程师书面授权，代表总监理工程师行使其部分职责和权力，具有工程类注册执业资格或具有中级及以上专业技术职称、3 年及以上工程实践经验并经监理业务培训的人员。

专业监理工程师：由总监理工程师授权，负责实施某一专业或某一岗位的监理工作，有相应文件签发权，具有工程类注册执业资格或具有中级及以上专业技术职称、2 年及以上工程实践经验并经监理业务培训的人员。

监理员：从事具体监理工作，具有中专及以上学历并经过监理业务培训的人员。

（1）监理工程师是实施工程监理制度的核心和基础

（2）监理工程师执业

监理工程师不得同时受聘于两个或两个以上单位执业，不得允许他人以本人名义执业，严禁"证书挂靠"。出租出借注册证书的，依据相关法律法规进行处罚；构成犯罪的，依法追究刑事责任。

监理工程师可以从事建设工程监理、全过程工程咨询及工程建设某一阶段或某一专项工程咨询，以及国务院有关部门规定的其他业务。

监理工程师依据职责开展工作，在本人执业活动中形成的工程监理文件上签章，并承担相应责任。监理工程师未执行法律、法规和工程建设强制性标准实施监理，造成质量安全事故的，依据相关法律法规进行处罚；构成犯罪的，依法追究刑事责任。

（3）监理工程师职业道德

监理工程师应严格遵守如下职业道德守则：

1）遵法守规，诚实守信。维护国家的荣誉和利益，遵守法规和行业自律公约，讲信誉，守承诺，坚持实事求是，"公平、独立、诚信、科学"地开展工作。

2）严格监理，优质服务。执行有关工程建设法律、法规、标准和制度，履行工程监理合同规定的义务，提供专业化服务，保障工程质量和投资效益，改进服务措施，维护业主权益和公共利益。

3）恪尽职守，爱岗敬业。遵守建设工程监理人员职业道德行为准则，履行岗位职责，做好本职工作，热爱监理事业，维护行业信誉。

4）团结协作，尊重他人。树立团队意识，加强沟通交流，团结互助，不损害各方的名誉。

5）加强学习，提升能力。积极参加专业培训，努力学习专业技术和工程监理知识，不断提高业务能力和监理水平。

6）维护形象，保守秘密。抵制不正之风，廉洁从业，不谋取不正当利益。

7）不为所监理工程指定承包商、建筑构配件、设备、材料生产厂家。

8）不收受施工单位的任何礼金、有价证券等。

9）不转借、出租、伪造、涂改监理证书及其他相关资信证明，不以个人名义承揽监理业务。

10）不同时在两个或两个以上工程监理单位注册和从事监理活动。

11）不在政府部门和施工、材料设备的生产供应等单位兼职。

12）树立良好的职业形象。保守商业秘密，不泄露所监理工程各方认为需要保密的事项。

（4）总监理工程师职责

1）确定项目监理机构人员及其岗位职责；

2）组织编制监理规划，审批监理实施细则；

3）根据工程进展及监理工作情况调配监理人员，检查监理人员工作；

4）组织召开监理例会；

5）组织审核分包单位资格；

6）组织审查施工组织设计、（专项）施工方案；

7）审查开复工报审表，签发工程开工令、暂停令和复工令；

8）组织检查施工单位现场质量、安全生产管理体系的建立及运行情况；

9）组织审核施工单位的付款申请，签发工程款支付证书，组织审核竣工结算；

10）组织审查和处理工程变更；

11）调解建设单位与施工单位的合同争议，处理工程索赔；

12）组织验收分部工程，组织审查单位工程质量检验资料；

13）审查施工单位的竣工申请，组织工程竣工预验收，组织编写工程质量评估报告，参与工程竣工验收；

14）参与或配合工程质量安全事故的调查和处理；

15）组织编写监理月报、监理工作总结，整理监理文件资料。

（5）专业监理工程师职责

1）参与编制监理规划，负责编制监理实施细则；

2）审查施工单位提交的涉及本专业的报审文件，并向总监理工程师报告；

3）参与审核分包单位资格；

4）指导、检查监理员工作，定期向总监理工程师报告本专业监理工作实施情况；

5）检查进场的工程材料、构配件、设备的质量；

6）验收检验批、隐蔽工程、分项工程，参与验收分部工程；

7）处置发现的质量问题和安全事故隐患；

8）进行工程计量；

9）参与工程变更的审查和处理；

10）组织编写监理日志，参与编写监理月报；

11）收集、汇总、参与整理监理文件资料；

12）参与工程竣工预验收和竣工验收。

（6）监理员职责

1）检查施工单位投入工程的人力、主要设备的使用及运行状况；

2）进行见证取样；

3）复核工程计量有关数据；

4）检查工序施工结果；

5）发现施工作业中的问题，及时指出并向专业监理工程师报告。

三、拓展知识

1. 中国建设监理协会单位会员诚信守则

（1）贯彻诚信理念，建立诚信体系，把守法诚信作为企业安身立命之本，激励诚信，惩戒失信，公平、独立、诚信、科学地开展监理工作。

（2）遵守法规及相关政策，依照企业资质范围开展经营业务活动，不转让、出租、出卖企业资质及监理工程师注册执业证书。

（3）在投标过程中不串标、不围标，不以降低监理工作质量等手段压价承揽业务，抵制不正当竞争行为，诚实守信，公平竞争。

（4）依据《建设工程监理规范》GB/T 50319—2013及合同约定，组建项目监理机构和派遣项目监理人员，明确监理职责，定期检查项目监理部工作，发现问题及时处理。

（5）加强职工教育和管理，不得以吃、拿、卡、要等手段向建设方、施工方谋取不正当利益。

（6）按规定进行检查验证，按标准进行工程验收，认真审查项目承包人的报审资料，确保企业各项监理资料的真实性、时效性和完整性。

（7）承担社会责任，践行社会公德，不泄露商业秘密及涉密工程的相关信息，不用虚假资料申报各类奖项、荣誉，不参与非法社团组织的各类评奖等活动。

（8）遵守《中国建设监理协会会员自律公约》，自觉接受政府主管部门和行业协会对监理工作的监督。

2. 中国建设监理协会个人会员职业道德行为准则

（1）遵法守规，诚实守信。遵守法规和《中国建设监理协会会员自律公约》，讲信誉、守承诺，敢担当，公平、独立、诚信、科学地开展监理工作。

（2）恪尽职守，严格监理。履行合同义务，提供专业化服务，坚守标准、规范、规程和制度，保证工程质量，维护业主权益和公共利益。

（3）爱岗敬业，优质服务。履行岗位职责，做好本职工作，热爱监理事业，维护监理信誉，以优质服务塑造行业良好形象。

（4）团结协作，尊重他人。相互沟通，协调配合，不诋毁他人声誉，不损害他人利益，与项目参建方建立良好的合作关系。

（5）加强学习，增强能力。积极参加专业培训，不断更新技术知识，扩展专业结构范围，提升综合服务水平。

（6）廉洁自律，保守秘密。不以个人名义承揽业务，不同时在两个或两个以上单位注册及兼职，抵制不正之风，保守商业秘密。

（7）钻研科技，多做贡献。不抄袭他人监理成果，不盗用他人技术信息，尊重知识产权，立足实践，自主创新。

（8）支持协会工作，履行会员义务。关心行业发展，参加协会活动，针对热点问题提出建议。

3. 《监理人员职业标准》相关规定

（1）职业岗位

1）监理人员的职业岗位按照国家现行标准及相关规定设置。

2）项目监理机构岗位设置为总监理工程师、专业监理工程师和监理员，应由具备相应职业资格或职业技术水平并具有工程实践经验的监理人员担任。

（2）职业特征

1）监理人员应具有建设工程专业知识和职业技能，以施工阶段技术咨询服务为主要职能，完成质量控制、进度控制、造价控制、合同管理、信息管理，协调工程建设相关方关系，并履行建设工程安全生产管理法定职责。

2）监理人员应具有在职业环境中合理、有效地运用专业知识的能力，具有监理职业的价值观和职业道德，具有分析、推理和判断的能力，具有沟通、组织、协调和管理的能力。

（3）职业资格

1）总监理工程师应取得国务院建设主管部门颁发的《中华人民共和国注册监理工程师注册执业证书》和执业印章，并由工程监理单位法定代表人书面任命。

2）专业监理工程师应具有工程类注册执业资格或具有中级及以上专业技术职称、2年及以上工程实践经验并经监理岗位业务培训。

3）监理员应具有中专及以上学历并经过监理岗位业务培训。

（4）人员分级

1）总监理工程师、专业监理工程师实行分级管理，监理员不分级。

2）总监理工程师分3级，各级标准应符合下列规定：

① 三级总监理工程师：取得国务院建设主管部门颁发的《中华人民共和国注册监理工程师注册执业证书》、从事监理工作满2年或参与过1项二级及以上工程项目的监理、继续教育合格、聘用单位考核合格。

② 二级总监理工程师：担任三级总监理工程师满3年、参与过1项一级或2项二级工程项目的监理、继续教育合格、聘用单位考核合格。

③ 一级总监理工程师：担任二级总监理工程师满3年并取得高级工程师及以上职称；作为总监理工程师主持过1项一级或2项二级工程项目的监理、继续教育合格、聘用单位考核合格。

3）专业监理工程师分3级，各级标准应符合下列规定：

① 三级专业监理工程师：经过监理业务培训合格；从事监理工作满2年或参与过1项二级工程项目的监理、继续教育合格、聘用单位考核合格。

② 二级专业监理工程师：担任三级专业监理工程师满3年或从事监理工作满5年，或参与过1项一级或2项二级工程项目的监理、继续教育合格、聘用单位考核合格。

③ 一级专业监理工程师：担任二级专业监理工程师满3年或从事监理工作满8年、继续教育合格、聘用单位考核合格。

4）工程监理单位可按本标准规定对监理人员进行职业能力评价，并实行分级管理，符合要求后方可聘用。

4. 监理工程师职业资格考试实施办法

监理工程师职业资格考试设《建设工程监理基本理论和相关法规》《建设工程合同管理》《建设工程目标控制》《建设工程监理案例分析》4个科目。其中《建设工程监理基本理论和相关法规》《建设工程合同管理》为基础科目，《建设工程目标控制》《建设工程监理案例分析》为专业科目。

监理工程师职业资格考试专业科目分为土木建筑工程、交通运输工程、水利工程3个专业类别，考生在报名时可根据实际工作需要选择。其中，土木建筑工程专业由住房和城乡建设部负责；交通运输工程专业由交通运输部负责；水利工程专业由水利部负责。

监理工程师职业资格考试分4个半天进行。

监理工程师职业资格考试成绩实行4年为一个周期的滚动管理办法，在连续的4个考试年度内通过全部考试科目，方可取得监理工程师职业资格证书。

已取得监理工程师一种专业职业资格证书的人员，报名参加其他专业科目考试的，可免考基础科目。考试合格后，核发人力资源社会保障部门统一印制的相应专业考试合格证明。该证明作为注册时增加执业专业类别的依据。免考基础科目和增加专业类别的人员，专业科目成绩按照 2 年为一个周期滚动管理。

监理工程师职业资格考试原则上每年一次。

5. 监理工程师职业资格考试报考条件

凡遵守《中华人民共和国宪法》、法律、法规，具有良好的业务素质和道德品行，具备下列条件之一者，可以申请参加监理工程师职业资格考试：

（1）具有各工程大类专业大学专科学历（或高等职业教育），从事工程施工、监理、设计等业务工作满 4 年；

（2）具有工学、管理科学与工程类专业大学本科学历或学位，从事工程施工、监理、设计等业务工作满 3 年；

（3）具有工学、管理科学与工程一级学科硕士学位或专业学位，从事工程施工、监理、设计等业务工作满 2 年；

（4）具有工学、管理科学与工程一级学科博士学位。

四、工程监理企业资质任务书

1. 小组训练任务

对于××工程项目，工程监理企业应该具备什么资质？

2. 背景资料

××工程项目的工程概况，《建设工程监理规范》GB/T 50319—2013。

3. 任务步骤

详见项目 1 的任务步骤。

4. 任务步骤提示

（1）什么是工程监理企业？其主要工作范围与内容是什么？

（2）工程监理企业的组织形式有哪几种？

（3）工程监理企业资质分几个等级？分别具有什么标准？

（4）工程监理企业资质的申请步骤是什么？

（5）企业资质的审批：

① 应由谁负责审批？② 有效期限为几年？

（6）在什么情况下企业资质会被撤销和注销？

（7）建设主管部门对企业资质检查的措施是什么？

（8）外商投资建设工程监理企业资质：

① 资质等级分为几个？② 申请步骤是什么？

（9）监理的收费标准是什么？

提示：参考本教材、《建设工程监理规范》GB/T 50319—2013 和建设工程监理相关收费标准等。

5. 任务要求

同学们可在网上或图书馆查阅相关资料，谈谈××工程项目工程监理企业应该具备什么资质，要求以 PPT 加 Word 的形式展示。其余要求同项目 1。

五、习题

1. 单选题

(1) 下列不属于工程监理企业专业资质级别的是(　　)。

A. 甲级　　　　　　　　　　　B. 乙级

C. 综合　　　　　　　　　　　D. 丙级

(2) 上市监理股份有限公司组织机构的特殊要求是(　　)。

A. 需要设立股东大会　　　　　B. 需要设立董事会

C. 需要设立监事会　　　　　　D. 需要设立独立董事和董事会秘书

(3) 工程监理企业伪造资质等级，违反了工程监理企业经营活动准则中(　　)的内容。

A. 守法　　　　　　　　　　　B. 诚信

C. 公平　　　　　　　　　　　D. 科学

(4) 关于监理取费的内容中，因(　　)海拔高程调整系数为 1.2。

A. 2000m　　　　　　　　　　B. 2500m

C. 3200m　　　　　　　　　　D. 3550m

(5) 实行政府指导价的建设工程监理收费，其基准价根据《建设工程监理与相关服务收费标准》计算，浮动幅度为上下(　　)。

A. 10%　　　　　　　　　　　B. 20%

C. 25%　　　　　　　　　　　D. 15%

(6) 根据《建设工程监理与相关服务收费标准》，房屋建筑工程的施工监理服务收费按照建设项目(　　)分档定额计费方式计算收费。

A. 工程预算投资额　　　　　　B. 工程概算投资额

C. 工程投资估算指标投资额　　D. 工程施工定额投资额

(7) 下列不属于注册监理工程师业务范围的是(　　)。

A. 工程监理　　　　　　　　　B. 工程经济与技术咨询

C. 工程设计　　　　　　　　　D. 工程招标与采购咨询

(8) (　　)是一个建设工程监理工作的总负责人。

A. 监理员　　　　　　　　　　B. 专业监理工程

C. 总监理工程师代表　　　　　D. 总监理工程师

(9) 未经(　　)签字，建设单位不拨付工程款，不进行竣工验收。

A. 专业监理工程师　　　　　　B. 总监理工程师

C. 监理员　　　　　　　　　　D. 建设单位代表

(10) 如果监理工程师与建设单位或施工企业串通，弄虚作假、降低工程质量，从而引发安全事故，则(　　)。

A. 监理工程师承担责任，质量、安全事故责任主体不承担责任

B. 监理工程师不承担责任，质量、安全事故责任主体承担责任

C. 监理工程师应当与质量、安全事故责任主体平均分担责任

D. 监理工程师应当与质量、安全事故责任主体承担连带责任

（11）下列选项中，属于监理员的资历要求的是（　　　）。

A. 注册监理工程师　　　　　　　　　B. 有中级以上专业技术职称

C. 2年以上实践经验　　　　　　　　　D. 中专及以上学历

（12）属于监理员职责的是（　　　）。

A. 检查施工单位投入工程的人力、主要设备的使用及运行状况

B. 检查进场的工程材料、构配件、设备的质量并签认

C. 指导、检查监理员工作，定期向总监理工程师报告本专业监理工作实施情况

D. 审查施工单位提交的涉及本专业的报审文件，并向总监理工程师报告

（13）根据《建设工程监理规范》GB/T 50319—2013，下列监理职责中，属于监理员职责的是（　　　）。

A. 处置生产安全事故隐患　　　　　　B. 复核工程计量有关数据

C. 验收分部分项工程质量　　　　　　D. 审查阶段性施工进度计划

（14）总监理工程师对内向工程监理单位负责，对外向（　　　）负责。

A. 设计单位　　　　　　　　　　　　B. 承包单位

C. 建设单位　　　　　　　　　　　　D. 分包单位

（15）组织审核竣工结算是（　　　）的职责。

A. 监理单位技术负责人　　　　　　　B. 专业监理工程师

C. 总监理工程师　　　　　　　　　　D. 总监理工程师代表

（16）下列属于监理工程师义务的是（　　　）。

A. 使用注册监理工程师的称谓

B. 在本人执业活动所形成的工程监理文件上签字、加盖执业印章

C. 保管和使用本人的注册证书和执业印章

D. 依据本人能力从事相应的执业活动

（17）根据《建设工程监理规范》GB/T 50319—2013，总监理工程师不得委托给总监理工程师代表的职责是（　　　）。

A. 审查和处理工程变更

B. 主持或参与工程质量事故的调查

C. 主持整理工程项目的监理资料

D. 审批工程延期

（18）根据《建设工程监理规范》GB/T 50319—2013，工程监理单位调换专业监理工程师时，总监理工程师应（　　　）。

A. 征得质量监督机构书面同意　　　　B. 征得建设单位书面同意

C. 书面通知施工单位　　　　　　　　D. 书面通知建设单位

（19）下列属于专业监理工程师职责的是（　　　）。

A. 进行工程计量　　　　　　　　　　B. 检查工序施工结果

C. 复核工程计量有关数据　　　　　　D. 进行见证取样

2. 多选题

（1）工程监理企业有下列（　　　）情形的，资质许可机关或者其上级机关，根据利害关系人的请求或者依据职权，可以撤销工程监理企业资质。

A. 资质证书有效期届满，未依法申请延续的

B. 超越法定职权做出准予工程监理企业资质许可的

C. 违反资质审批程序做出准予工程监理企业资质许可的

D. 对不符合许可条件的申请人做出准予工程监理企业资质许可的

E. 资质许可机关工作人员滥用职权、玩忽职守做出准予工程监理企业资质许可的

（2）工程监理企业经营活动准则中，工程监理企业要做到公平，必须做到（　　）。

A. 要具有丰富的经验　　　　　　　　B. 要坚持实事求是

C. 要熟悉建设工程合同有关条款　　　D. 要提供专业技术能力

E. 要提供综合分析判断问题的能力

（3）工程监理企业只能在核定的业务范围内开展经营活动，这里所指的业务范围是（　　）。

A. 工程等级　　　　　　　　　　　　B. 工程类别

C. 工程专业　　　　　　　　　　　　D. 工程规模

E. 工程性质

（4）工程监理企业组织形式中，股份有限公司的设立条件有（　　）。

A. 发起人符合法定人数

B. 有公司住所

C. 股份发行、筹办事项符合法律规定

D. 有公司名称，建立符合股份有限公司要求的组织机构

E. 股东共同制定公司章程，采用募集方式设立的经创立大会通过

（5）关于监理取费中专业调整系数为 1.0 的工程类型有（　　）。

A. 化工、石化、化纤、医药工程　　　B. 送变电工程

C. 铁路工程　　　　　　　　　　　　D. 人防工程

E. 园林绿化工程

（6）总监理工程师的职责有（　　）等。

A. 确定项目监理机构人员及其岗位职责

B. 组织审查和处理工程变更

C. 进行工程计量

D. 检查进场的工程材料、构配件、设备的质量

E. 参与或配合工程质量安全事故的调查和处理

（7）根据《建设工程监理规范》GB/T 50319—2013，专业监理工程师的职责包括（　　）。

A. 参与工程质量事故调查

B. 对进场材料、设备、构（配）件进行平行检验

C. 主持整理工程项目的监理资料

D. 负责本专业分项工程验收及隐蔽工程验收

E. 负责本专业的工程计量工作

（8）监理工程师的职业道德守则包括（　　）。

A. 不以个人名义承揽监理业务

B. 不收受被监理单位的任何礼金

C. 接受继续教育，努力提高执业水准

D. 不泄漏监理工程各方认为需要保密的事项

E. 保证执业活动的质量，并承担相应责任

（9）监理工程师依据业主授予的权力进行工作，应具有（　　）。

A. 工程规模、设计标准和使用功能建议权，组织协调权

B. 材料和施工质量的确认权和否决权

C. 施工进度和工期的确认权与否决权

D. 工程合同内工程款支付与工程结算的确认权与否决权等

E. 工程变更权

码2-1 习题参考答案

项目 3 工程监理组织机构

📚 **知识目标**

1. 了解监理组织的定义；
2. 熟悉监理组织的形式、特点；
3. 掌握监理组织的适用范围。

📚 **能力目标**

1. 能对项目监理部进行人员职责分工；
2. 会区分监理的组织形式。

🔍 **重点、难点、关键点**

1. 重点：项目监理机构组织形式的优缺点；
2. 难点：项目监理机构组织适用范围；
3. 关键点：组建监理机构的思路和步骤。

📝 **教学过程**

一、任务导入

1. 案例导入

某市政工程分为 4 个施工标段。某监理单位承担了该工程施工阶段的监理任务，一、二标段工程先行开工，项目监理机构组织形式如图 3-1 所示。

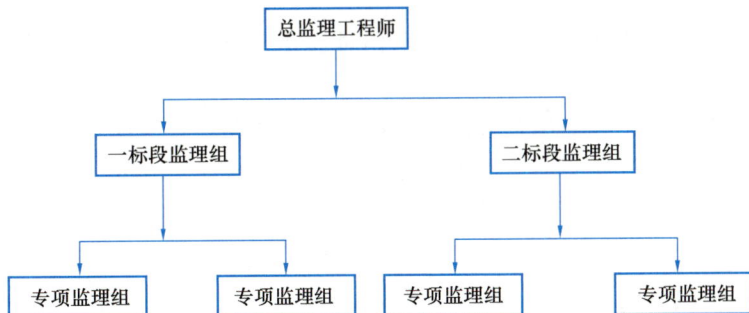

图 3-1　项目监理机构组织形式

问题：此项目监理机构为哪种组织形式？

2. 引导思考

监理机构的组织形式有哪几种？

3. 引出

工程监理组织机构：

（1）组织机构的设立

（2）组织机构的形式

（3）组织机构的人员配备

二、知识准备

1. 监理组织的定义

监理是工程监理单位实施监理时，派驻工地负责履行建设工程监理合同的组织机构。

2. 项目监理机构的人员配备与相关人员职责

（1）决策层：总监理工程师、总监理工程师代表。

（2）中间控制层（协调层和执行层）：专业监理工程师。

（3）执行层：监理员。

3. 项目监理机构设立的基本要求

工程监理单位在建设工程监理合同签订后，应及时将项目监理机构的组织形式、人员构成及对总监理工程师的任命书面通知建设单位，并应在建设单位主持的第一次工地会议上告知承包单位。

在施工现场监理工作全部完成或建设工程监理合同终止时，项目监理机构可撤离施工现场。撤离施工现场前，应由监理单位书面通知建设单位，并办理相关移交手续。

设立项目监理机构应遵循适应、精简、高效的原则，要有利于建设工程监理目标控制和合同管理，要有利于建设工程监理职责的划分和监理人员的分工协作，要有利于建设工程监理的科学决策和信息沟通。

项目监理机构可设置总监理工程师代表的情形包括：

（1）工程规模较大，专业较复杂，总监理工程师难以处理多个专业工程时，可按专业设总监理工程师代表。

（2）一个建设工程监理合同中包含多个相对独立的施工合同，可按施工合同段设总监理工程师代表。

（3）工程规模较大、地域比较分散，可按工程地域设置总监理工程师代表。

一名监理工程师可担任一项建设工程监理合同的总监理工程师。当需要同时担任多项建设工程监理合同的总监理工程师时，应征得建设单位书面同意，且最多不得超过3项。

工程监理单位调换总监理工程师，应征得建设单位书面同意；调换专业监理工程师时，总监理工程师应书面通知建设单位。

4. 项目监理机构设立的步骤

（1）确定项目监理机构目标

建设工程监理目标是项目监理机构建立的前提，项目监理机构应根据建设工程监理合同中确定的目标，制定总目标并明确划分项目监理机构的分解目标。

（2）确定监理工作内容

根据监理目标和建设工程监理合同中规定的监理任务，明确列出监理工作内容，并进行分类归并及组合。

（3）设计项目监理机构组织结构

1）选择组织结构形式。

组织结构形式选择的基本原则：有利于工程合同管理，有利于监理目标控制，有利于决策指挥，有利于信息沟通。

2）确定管理层次与管理跨度。

管理层次是指组织的最高管理者到最基层实际工作人员之间等级层次的数量。管理层次可分为 3 个层次，即决策层、中间控制层（协调层和执行层）和操作层。组织的最高管理者到最基层实际工作人员权责逐层递减，而人数却逐层递增。

管理跨度是指一名上级管理人员所直接管理的下级人数。管理跨度越大，领导者需要协调的工作量越大，管理难度也越大。

项目监理机构中管理跨度的确定应考虑监理人员的素质、管理活动的复杂性和相似性、监理业务的标准化程度、各规章制度的建立健全情况、建设工程的集中或分散情况等。

3）设置项目监理机构部门。

项目监理机构部门设置要根据组织目标与工作内容确定，形成既有相互分工又有相互配合的机构部门。

4）制定岗位职责及考核标准。

5）选派监理人员。

（4）制定工作流程和信息流程

5. 项目监理机构组织形式

常用的项目监理机构组织形式有直线制、职能制、直线职能制、矩阵制。

（1）直线制组织形式

直线制组织形式的特点是项目监理机构中不再另设职能部门。其适用于能划分为若干个相对独立的子项目的大、中型建设工程，如图 3-2 所示。

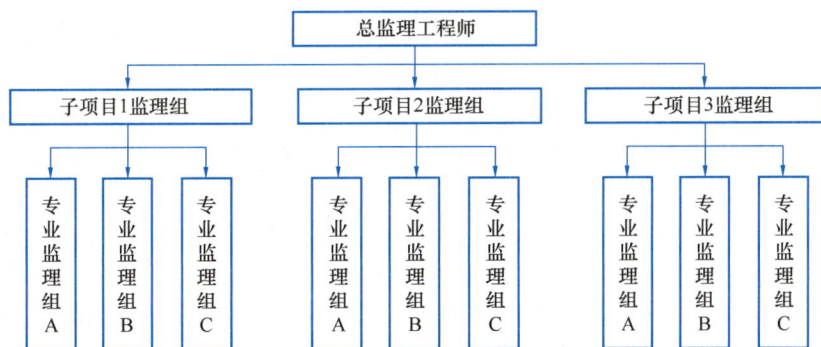

图 3-2　按子项目分解的直线制项目监理机构组织形式

如果建设单位将相关服务一并委托，项目监理机构的部门还可按不同的工程建设阶段分解设立直线制项目监理机构组织形式，如图 3-3 所示。

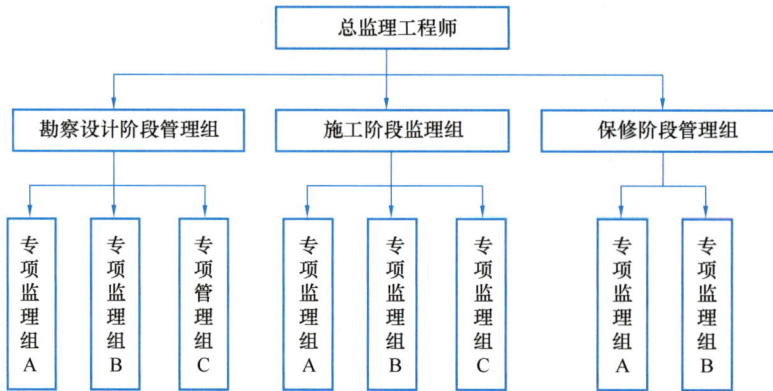

图 3-3　按工程建设阶段分解的直线制项目监理机构组织形式

对于小型建设工程，项目监理机构也可采用按专业内容分解的直线制组织形式，如图 3-4所示。

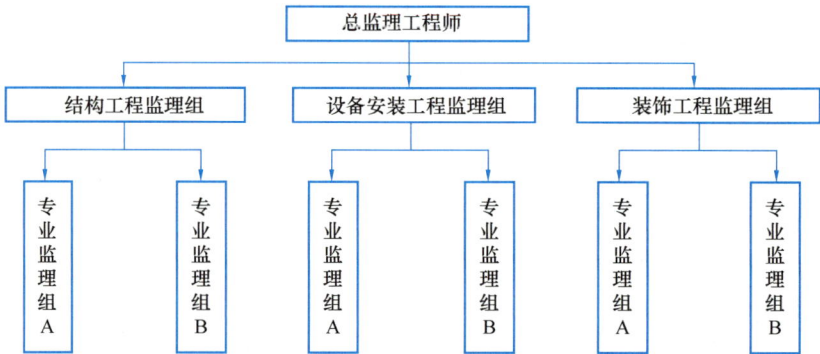

图 3-4　按专业内容分解的直线制项目监理机构组织形式

特点：项目监理机构中任何一个下级只接受唯一上级的命令。

优点：组织机构简单，权力集中，命令统一，职责分明，决策迅速，隶属关系明确。

缺点：实行没有职能部门的"个人管理"，要求总监理工程师通晓各种业务和多种专业技能，成为"全能"型人才。

（2）职能制组织形式

职能制组织形式一般适用于大中型建设工程，如图 3-5 所示。如果子项目规模较大时，也可以在子项目层设置职能部门，如图 3-6 所示。

特点：在项目监理机构内设立一些职能部门，将相应的监理职责和权力交给职能部门，各职能部门在其职能范围内有权直接发布指令指挥下级。

优点：加强了项目监理目标控制的职能化分工，可以发挥职能机构的专业管理作用，提高管理效率，减轻总监理工程师负担。

缺点：由于下级人员受多人指挥，如果这些指令相互矛盾，会使下级在监理工作中无所适从。

（3）直线职能制组织形式

直线职能制组织形式吸收了直线制组织形式和职能制组织形式的优点而形成，如

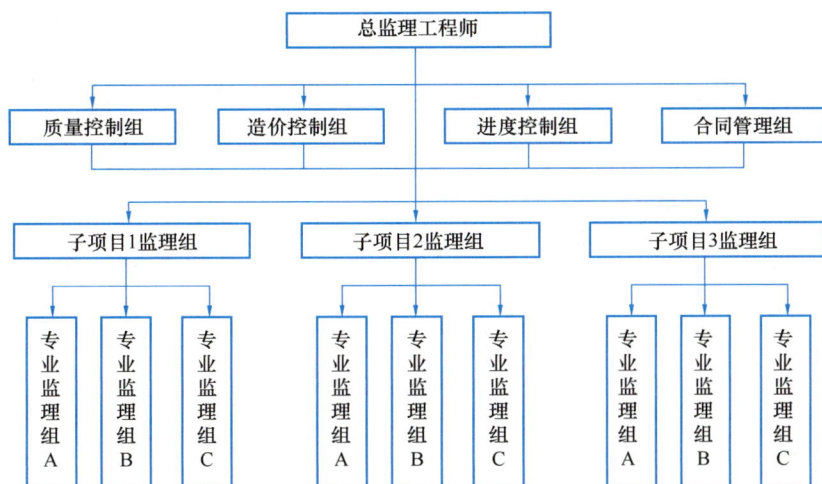

图 3-5 职能制项目监理组织机构形式

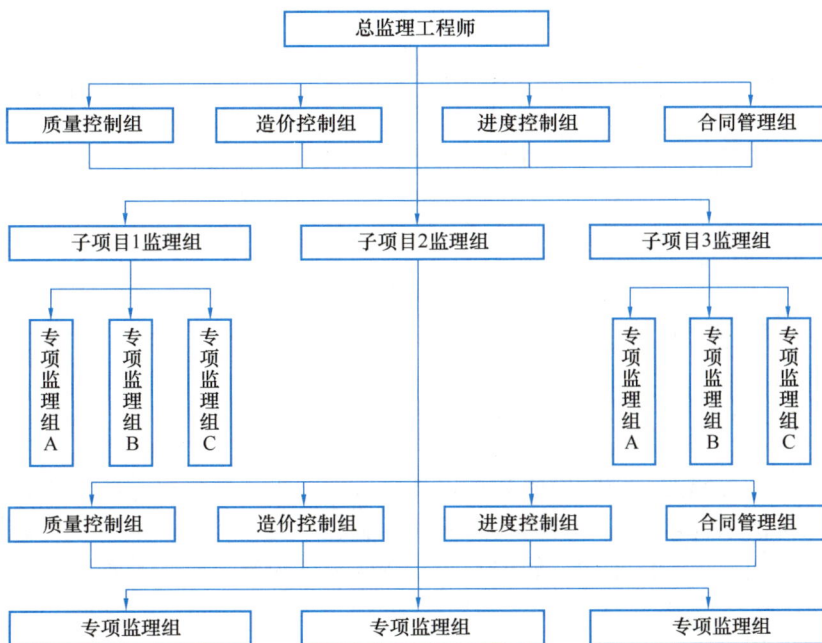

图 3-6 子项目设立职能部门的职能制项目监理组织机构形式

图 3-7所示。

  特点：将管理部门和人员分为两类，直线指挥部门拥有对下级实行指挥和发布命令的权力，并对该部门的工作全面负责；职能部门是直线指挥人员的参谋，只能对下级部门进行业务指导，而不能对下级部门直接进行指挥和发布命令。

  优点：既保持了直线制组织实行直线领导、统一指挥、职责分明的优点，又保持了职能制组织目标管理专业化的优点。

  缺点：职能部门与指挥部门易产生矛盾，信息传递路线长，不利于互通信息。

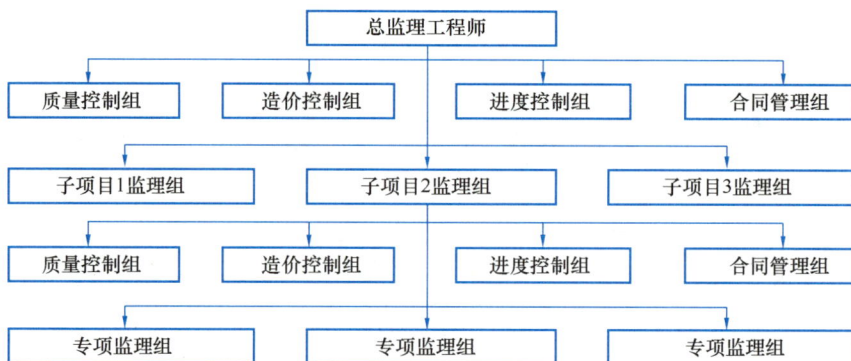

图 3-7　直线职能制项目监理组织机构形式

（4）矩阵制组织形式

特点：矩阵制组织形式是由纵横两套管理系统组成的矩阵组织结构，一套是纵向的职能系统，另一套是横向的子项目系统，如图 3-8 所示。

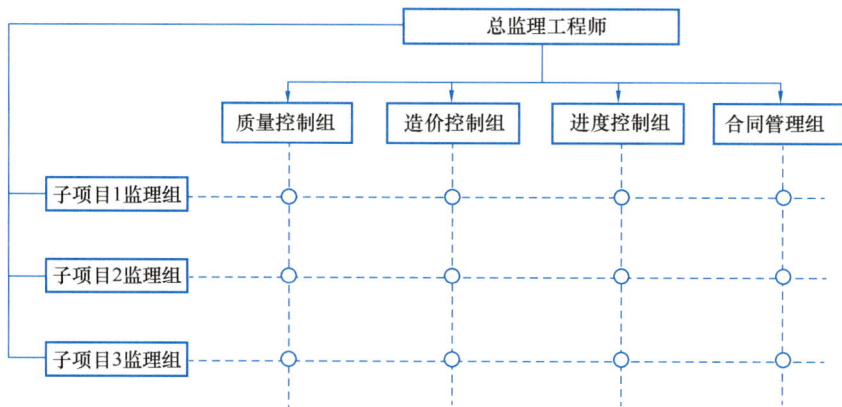

图 3-8　矩阵制项目监理机构组织形式

优点：加强了各职能部门的横向联系，具有较大的机动性和适应性，把上下左右集权与分权实行最优的结合，有利于解决复杂问题，有利于监理人员业务能力的培养。

缺点：纵横向协调工作量大，处理不当会造成扯皮现象，产生矛盾。

6. 项目监理机构人员配备

（1）项目监理机构的人员结构

1）合理的专业结构

当监理的工程局部有特殊性或建设单位提出某些特殊监理要求而需要采用某种特殊监控手段时，如局部的钢结构、网架、球罐体等质量监控需采用无损探伤、X 光及超声探测，水下及地下混凝土桩需要采用遥测仪器探测等，此时，可将这些局部专业性强的监控工作另行委托给具有相应资质的咨询机构来承担，这也应视为保证了监理人员合理的专业结构。

2）合理的技术职称结构

（2）项目监理机构监理人员数量的确定

1）影响项目监理机构人员数量的主要因素

① 工程建设强度。工程建设强度是指单位时间内投入的建设工程资金的数量。

工程建设强度＝投资/工期

其中，投资和工期分别是指由监理单位所承担的那部分工程的建设投资和工期。投资可按工程概算投资额或合同价计算，工期可根据进度总目标及其分目标计算。

显然，工程建设强度越大，需投入的监理人数越多。

② 建设工程复杂程度。可将工程分为若干工程复杂程度等级，如简单、一般、较复杂、复杂、很复杂。

简单工程需要的监理人员较少，而复杂工程需要的项目监理人员较多。

③ 监理单位的业务水平。每个工程监理单位的业务水平和对某类工程的熟悉程度不完全相同，在人员素质、管理水平和监理设备手段等方面也存在差异，这都会直接影响到效率的高低。各监理单位应当根据自己的实际情况制定监理人员需要量定额。

④ 项目监理机构的组织结构和任务职能分工。有时监理工作需委托专业咨询机构或专业监测、检验机构进行，当然，项目监理机构的监理人员数量可适当减少。

2）项目监理机构人员数量的确定方法。

① 项目监理机构人员需要量定额；

② 确定工程建设强度；

③ 确定工程复杂程度；

④ 根据工程复杂程度和工程建设强度套用监理人员需要量定额；

⑤ 根据实际情况确定监理人员数量。

项目监理机构监理人员数量和专业配备应随工程施工进展情况做相应调整，从而满足不同阶段监理工作需要。

三、拓展知识

根据中国建设监理协会、中国工程建设标准化协会 2023 年 2 月 9 日发布的《建筑工程项目监理机构人员配置导则》T/CAES 004—2023，建筑工程项目监理机构人员配置如下：

1. 居住建筑工程

（1）对居住建筑工程实施监理的，项目监理机构应配置满足建筑结构、水电安装、建筑装饰等专业工程监理工作需要的专业监理工程师，并应配置相应数量的监理员。

（2）居住建筑工程施工高峰期的项目监理机构人员基本配置按表 3-1 施行。

居住建筑工程项目监理机构人员基本配置表　　　　　　表 3-1

总建筑面积（X） （单位：m²）	总监理工程师 （人）	专业监理工程师 （人）	监理员 （人）
$X \leqslant 50000$	1	1	1
$50000 < X \leqslant 120000$	1	1~2	2~4
$120000 < X \leqslant 300000$	1	2~5	4~9
$300000 < X \leqslant 500000$	1	5~7	9~13
$500000 < X \leqslant 700000$	1	7~10	13~16
$X > 700000$	建筑面积每增加 3 万 m²，应增加 1 名专业监理工程师或监理员		

注：1. "总建筑面积"是指工程监理合同内实际施工总建筑面积。

　　2. 当总建筑面积处于上表区间值时，按照插值法计算相应监理人员数量。

（3）对于工程地质条件复杂、建筑高度 100m 及以上或装配率 50％ 及以上的装配式住宅建筑工程，可在表 3-1 中项目监理机构人员基本配置数量的基础上，按照监理人员调整系数（1.1～1.2）增加专业监理工程师配置数量。

2. 公共建筑工程

（1）对公共建筑工程实施监理的，项目监理机构应配置满足建筑结构、机电安装、建筑装饰等专业工程监理工作需要的专业监理工程师，并应配置相应数量的监理员。

（2）公共建筑工程施工高峰期的项目监理机构人员基本配置按表 3-2 施行。

公共建筑工程项目监理机构人员基本配置表　　　　　　　　　　　表 3-2

工程概算投资额（Y） （单位：万元）	总监理工程师 （人）	专业监理工程师 （人）	监理员 （人）
Y≤3000	1	1	1
3000＜Y≤10000	1	1	1～2
10000＜Y≤30000	1	1～2	2～3
30000＜Y≤50000	1	2～3	3～4
50000＜Y≤100000	1	3～5	4～6
100000＜Y≤150000	1	5～7	6～8
Y＞150000	工程概算投资额每增加 1.0 亿元，应增加 1 名专业监理工程师或监理员		

注：1. "工程概算投资额"是指作为工程监理酬金计算基数的工程概算投资额估算值。

　　2. 当工程概算投资额处于上表区间值时，按照插值法计算相应监理人员数量。

（3）对于工程地质特殊、建筑高度 100m 及以上、城市综合体、高标准古建筑、保护性建筑或大型场馆等建筑工程，可在表 3-2 中项目监理机构人员基本配置数量的基础上，按照监理人员调整系数（1.1～1.3）增加专业监理工程师配置数量。

3. 工业建筑工程

（1）对工业建筑工程实施监理的，项目监理机构应配置满足建筑结构、机电安装等专业工程监理工作需要的专业监理工程师，并应配置相应数量的监理员。

（2）工业建筑工程施工高峰期的项目监理机构人员基本配置按表 3-3 施行。

（3）对于跨度 30m 及以上且吊车吨位 30t 及以上的厂房和仓储建筑、高等级洁净厂房等建筑工程，可在表 3-3 中项目监理机构人员基本配置数量的基础上，按照监理人员调整系数（1.1～1.2）增加专业监理工程师配置数量。

工业建筑工程项目监理机构人员基本配置表　　　　　　　　　　　表 3-3

工程概算投资额（Z） （单位：万元）	总监理工程师 （人）	专业监理工程师 （人）	监理员 （人）
Z≤3000	1	1	1
3000＜Z≤10000	1	1	1～2
10000＜Z≤20000	1	1	2～3
20000＜Z≤40000	1	2	2～3
40000＜Z≤70000	1	2～3	3～4
70000＜Z≤100000	1	3～4	4～5
Z＞100000	工程概算投资额每增加 1.0 亿元，应增加 1 名专业监理工程师或监理员		

注：1. "工程概算投资额"是指作为工程监理酬金计算基数的工程概算投资额估算值。

　　2. 当工程概算投资额处于上表区间值时，按照插值法计算相应监理人员数量。

四、组建工程项目监理部任务书

1. 小组训练任务

组建××工程项目监理部。

2. 背景资料

××工程项目概况，相关规范、资料等。

3. 任务步骤

详见项目 1 的任务步骤。

4. 任务提示

（1）什么是项目监理机构？

（2）项目监理机构的组织结构模式和规模受什么因素的影响？

（3）项目监理机构的设立：

①设立的基本要求；②设立的步骤。

（4）项目监理机构分几个层次？其内容是什么？

（5）总监理工程师与专业监理工程师的岗位职责标准分别是什么？

（6）监理机构中各个岗位的要求分别是什么？

（7）项目监理机构的组织形式：

①主要有哪几种组织形式？②分别具有什么优缺点？

（8）项目监理机构的监理人员数量和专业的配备应根据什么确定？该如何进行分配？

（9）根据以上内容，同学们可上网或图书馆查阅资料，选用其中一种组织形式（各小组可以选择不同的组织形式），为××工程项目组建项目监理部。

5. 任务要求

组建××工程项目监理部，每个小组给出 1 个结论并阐述理由，要求以 PPT 加 Word 的形式展示。其余要求同项目 1。

五、习题

1. 单选题

（1）项目管理机构中操作层主要由（　　）组成。

A. 监理员　　　　　　　　　　　B. 专业监理工程师

C. 总监理工程师　　　　　　　　D. 总监理工程师代表

（2）（　　）是指单位时间内投入的建设工程资金的数量。

A. 工程建设强度　　　　　　　　B. 工程建设工期

C. 工程建设投资　　　　　　　　D. 建设工程复杂程度

（3）工程监理单位在组建项目监理机构时，最后完成的工作是（　　）。

A. 制定工作流程和信息流程　　　B. 确定监理工作内容

C. 确定组织结构和组织形式　　　D. 安排监理人员和辅助人员

（4）（　　）不属于建设工程监理组织机构活动应遵循的基本原理。

A. 要素有用性　　　　　　　　　B. 静态相关性

C. 主观能动性　　　　　　　　　D. 规律效应性

（5）关于项目监理机构的直线职能制组织形式的特点，叙述错误的是（　　）。

A. 信息传递路线较短　　　　　　　　B. 不利于互通信息

C. 专业管理强化　　　　　　　　　　D. 实行直线领导、统一指挥、职责分明

（6）（　　）纵横向协调工作量大，处理不当会造成扯皮现象，产生矛盾。

A. 直线职能制组织形式　　　　　　　B. 职能制组织形式

C. 直线制组织形式　　　　　　　　　D. 矩阵制组织形式

（7）关于项目监理机构组织形式的说法，正确的是（　　）。

A. 矩阵制监理形式的优点是纵横向协调工作量小

B. 直线职能制监理组织形式的优点是信息传递路线短

C. 直线制监理组织形式只适用于小型建设工程项目

D. 职能制监理组织形式能发挥职能机构专业管理作用，提高管理效率

（8）职能制监理组织形式的特点不包括（　　）。

A. 提高管理效率　　　　　　　　　　B. 下级人员接受的指令单一

C. 减轻总监理工程师的负担　　　　　D. 可以发挥职能机构的专业管理作用

（9）项目监理机构不可按（　　）设立直线制监理组织形式。

A. 子项目分解　　　　　　　　　　　B. 专业内容分解

C. 职能分解　　　　　　　　　　　　D. 建设阶段分解

（10）项目监理机构可设置总监理工程师代表的情形不包括（　　）。

A. 工程规模较大，专业较复杂，总监理工程师难以处理多个专业工程时，可按专业设总监理工程师代表

B. 工程规模较大、地域比较分散，可按工程地域设置总监理工程师代表

C. 一个建设工程监理合同中包含多个相对独立的施工合同，可按施工合同段设总监理工程师代表

D. 工程规模较大，可按区域设总监理工程师代表

2. 多选题

（1）项目监理机构人员的确定方案步骤包括（　　）。

A. 项目监理机构人员需要量定额

B. 确定工程建设强度

C. 确定工程复杂程度

D. 根据工程投资和工程工期套用监理人员需要量定额

E. 根据实际情况确定监理人员数量

（2）下列不属于确定建设工程项目监理机构的组织形式和规模的因素是（　　）。

A. 服务内容　　　　　　　　　　　　B. 服用费用

C. 工程规模　　　　　　　　　　　　D. 建设单位的性质

E. 技术复杂程度

（3）项目监理机构可设置总监理工程师代表的情形包括（　　）。

A. 工程规模较大，专业较复杂，总监理工程师难以处理多个专业工程

B. 一个建设工程监理合同中包含多个相对独立的施工合同

C. 工程规模较大，工期比较长

D. 工程规模较大，地域比较分散

E. 工程规模比较小，技术难度要求比较高

（4）项目监理机构组织结构设计中，管理层次中的中间控制层包括（　　）。

A. 决策层 　　　　　　　　　　B. 协调层

C. 操作层 　　　　　　　　　　D. 执行层

E. 指导层

码3-1　习题参考答案

项目 4　监理组织协调

![知识目标]

1. 了解组织协调的概念、工作内容、目的；
2. 熟悉组织协调的分类、主要工作；
3. 掌握组织协调的方法、原则。

![能力目标]

1. 能处理项目监理部人员人际关系；
2. 能与施工单位及相关单位沟通；
3. 能区分协调的分类、工作内容、方法；
4. 能参协调与并理解协调的内容和意图。

![重点、难点、关键点]

1. 重点：协调的方法、原则；
2. 难点：如何处理相关单位的关系，从综合效益考虑采取科学、公正的方法寻找共同点；
3. 关键点：协调的措施。

![教学过程]

一、任务导入

1. 案例导入

扫描码 4-1 导入"专业管线协调会"视频，包含：

（1）由电信、移动、自来水、电力管等专业管线单位和建设、施工、监理单位参加

（2）各专业管线的位置及交叉处的处理和做法协调

（3）形成会议纪要

2. 引导思考

召开一个专业协调会应注意什么？

3. 引出

（1）组织协调

（2）项目监理组织协调方法

码4-1　项目4案例

44

二、知识准备

1. 组织协调

组织协调工作是指监理人员通过对项目监理机构内部人与人之间、机构与机构之间，以及监理组织与外部环境组织之间的工作进行协调与沟通，从而使工程参建各方相互理解、步调一致。具体包括编制工程项目组织管理框架、明确组织协调的范围和层次，制定项目监理机构内、外协调的范围、对象和内容，制定监理组织协调的原则、方法和措施，明确处理危机关系的基本要求等。

2. 项目监理机构组织协调内容

从系统工程角度看，项目监理机构组织协调内容可分为系统内部（项目监理机构）协调和系统外部协调两类，系统外部协调又分为系统近外层协调和系统远外层协调。近外层和远外层的主要区别是，建设单位与近外层关联单位之间有合同关系，建设单位与远外层关联单位之间没有合同关系。

（1）项目监理机构内部的协调

1）项目监理机构内部人际关系的协调。项目监理机构是由工程监理人员组成的工作体系，其工作效率在很大程度上取决于人际关系的协调程度。总监理工程师应首先协调好人际关系，激励项目监理机构人员。

① 在人员安排上要量才录用。要根据项目监理机构中每个人的专长进行安排，做到人尽其才。工程监理人员的搭配要注意能力互补和性格互补，人员配置要尽可能少而精，避免力不胜任和忙闲不均。

② 在工作委任上要职责分明。对项目监理机构中的每一个岗位，都要明确岗位目标和责任，应通过职位分析，使管理职能不重不漏，做到事事有人管，人人有专责，同时明确岗位职权。

③ 在绩效评价上要实事求是。要发扬民主作风，实事求是地评价工程监理人员工作绩效，以免人员无功自傲或有功受屈，使每个人热爱自己的工作，并对工作充满信心和希望。

④ 在矛盾调解上要恰到好处。人员之间的矛盾总是存在的，一旦出现矛盾，就要进行调解，要多听取项目监理机构成员的意见和建议，及时沟通，使工程监理人员始终处于团结、和谐、热情高涨的工作氛围之中。

2）项目监理机构内部组织关系的协调。项目监理机构是由若干部门（专业组）组成的工作体系，每个专业组都有自己的目标和任务。如果每个专业组都从建设工程整体利益出发，理解和履行自己的职责，则整个建设工程就会处于有序的良性状态，否则，整个系统便处于无序的紊乱状态，导致功能失调，效率下降。为此，应从以下几方面协调项目监理机构内部组织关系：

① 在目标分解的基础上设置组织机构，根据工程特点及建设工程监理合同约定的工作内容，设置相应的管理部门。

② 明确规定每个部门的目标、职责和权限，最好以规章制度形式做出明确规定。

③ 事先约定各部门在工作中的相互关系。工程建设中的许多工作是由多个部门共同完成的，其中有主办、牵头和协作、配合之分，事先约定，可避免误事、脱节等贻误工作

现象的发生。

④ 建立信息沟通制度。如采用工作例会、业务碰头会，发送会议纪要、工作流程图、信息传递卡等沟通信息，这样有利于从局部了解全局，服从并适应全局需要。

⑤ 及时消除工作中的矛盾或冲突。坚持民主作风，注意从心理学、行为科学角度激励各个成员的工作积极性；实行公开信息政策，让大家了解建设工程实施情况、遇到的问题或危机；经常性地指导工作，与项目监理机构成员一起商讨遇到的问题，多倾听他们的意见、建议，鼓励大家同舟共济。

3）项目监理机构内部需求关系的协调。建设工程监理实施中有人员需求、检测试验设备需求等，由于资源是有限的，因此，内部需求平衡至关重要。协调平衡需求关系需要从以下方面考虑：

① 对建设工程监理检测试验设备的平衡。建设工程监理开始实施时，要做好监理规划和监理实施细则的编写工作，合理配置建设工程监理资源，要注意期限的及时性、规格的明确性、数量的准确性、质量的规定性。

② 对工程监理人员的平衡。要抓住调度环节，注意各专业监理工程师的配合。工程监理人员的安排必须考虑工程进展情况，根据工程实际进展安排工程监理人员进退场，以保证建设工程监理目标的实现。

（2）项目监理机构与建设单位的协调

建设工程监理实践证明，项目监理机构与建设单位组织协调关系的好坏，在很大程度上决定了建设工程监理目标能否顺利实现。

与建设单位的协调是建设工程监理工作的重点和难点。监理工程师应从以下几方面加强与建设单位的协调：

1）监理工程师首先要理解建设工程总目标和建设单位的意图。对于未能参加工程项目决策过程的监理工程师，必须了解项目构思的基础、起因、出发点，否则，可能会对建设工程监理目标及任务有不完整、不准确的理解，从而给监理工作造成困难。

2）利用工作之便做好建设工程监理宣传工作，增进建设单位对建设工程监理的理解，特别是对建设工程管理各方职责及监理程序的理解；主动帮助建设单位处理工程建设中的事务性工作，以自己规范化、标准化、制度化的工作去影响和促进双方工作的协调一致。

3）尊重建设单位，让建设单位一起投入工程建设全过程。尽管有预定目标，但建设工程实施必须执行建设单位指令，使建设单位满意。对建设单位提出的某些不适当要求，只要不属于原则问题，都可先执行，然后在适当时机、采取适当方式加以说明或解释；对于原则性问题，可采取书面报告等方式说明原委，尽量避免发生误解，以使建设工程顺利实施。

（3）项目监理机构与施工单位的协调

监理工程师对工程质量、造价、进度目标的控制，以及履行建设工程安全生产管理的法定职责，都是通过施工单位的工作来实现的，因此，做好与施工单位的协调工作是监理工程师组织协调工作的重要内容。

1）与施工单位协调的注意问题

① 坚持原则，实事求是，严格按规范、规程办事，讲究科学态度。监理工程师应强调各方面利益的一致性和建设工程总目标；应鼓励施工单位向其汇报建设工程实施状况、

实施结果和遇到的困难和意见，以寻求对建设工程目标控制的有效解决办法。双方了解得越多越深刻，建设工程监理工作中的对抗和争执就越少。

② 协调不仅是方法、技术问题，更多的是语言艺术、感情交流和用权适度问题。有时尽管协调意见是正确的，但由于方式或表达不妥，反而会激化矛盾。高超的协调能力则往往能起到事半功倍的效果，令各方面都满意。

2）与施工单位协调的工作内容

① 与施工项目经理关系的协调。施工项目经理及工地工程师最希望监理工程师能够公平、通情达理，指令明确而不含糊，并且能及时答复所询问的问题。监理工程师既要懂得坚持原则，又善于理解施工项目经理的意见，工作方法灵活，能够随时提出或愿意接受变通办法解决问题。

② 施工进度和质量问题的协调。由于工程施工进度和质量的影响因素错综复杂，因而施工进度和质量问题的协调工作也十分复杂。监理工程师应采用科学的进度和质量控制方法，设计合理的奖罚机制及组织现场协调会议等协调工程施工进度和质量问题。

③ 对施工单位违约行为的处理。在工程施工过程中，监理工程师对施工单位的某些违约行为进行处理是一件需要慎重而又难免的事情。当发现施工单位采用不适当的方法进行施工，或采用不符合质量要求的材料时，监理工程师除立即制止外，还需要采取相应的处理措施。遇到这种情况，监理工程师需要在其权限范围内采用恰当的方式及时做出协调处理。

④ 施工合同争议的协调。对于工程施工合同争议，监理工程师应首先采用协商解决方式，协调建设单位与施工单位的关系。协商不成时，才由合同当事人申请调解，甚至申请仲裁或诉讼。遇到非常棘手的合同争议时，不妨暂时搁置等待时机，另谋良策。

⑤ 对分包单位的管理。监理工程师虽然不直接与分包合同发生关系，但可对分包合同中的工程质量、进度进行直接跟踪监控，然后通过总承包单位进行调控、纠偏。分包单位在施工中发生的问题，由总承包单位负责协调处理。分包合同履行中发生的索赔问题，一般应由总承包单位负责，涉及总包合同中建设单位的义务和责任时，由总承包单位通过项目监理机构向建设单位提出索赔，由项目监理机构进行协调。

（4）项目监理机构与设计单位的协调

工程监理单位与设计单位都是受建设单位委托进行工作的，两者之间没有合同关系，因此，项目监理机构要与设计单位做好交流工作，这需要建设单位的支持。

1）真诚尊重设计单位的意见，在设计交底和图纸会审时，要理解和掌握设计意图、技术要求、施工难点等，将标准过高、设计遗漏、图纸差错等问题解决在施工之前。进行结构工程验收、专业工程验收、竣工验收等工作，要约请设计代表参加。发生质量事故时，要认真听取设计单位的处理意见等。

2）施工中发现设计问题，应及时按工作程序通过建设单位向设计单位提出，以免造成更大的直接损失。监理单位掌握比原设计更先进的新技术、新工艺、新材料、新结构、新设备时，可主动通过建设单位与设计单位沟通。

3）注意信息传递的及时性和程序性。监理工作联系单、工程变更单等要按规定的程序进行传递。

（5）项目监理机构与政府部门及其他单位的协调

建设工程实施过程中，政府部门、社会团体、新闻媒介等也会起到一定的控制、监督、支持、帮助作用，如果这些关系协调不好，建设工程实施也可能会严重受阻。

1）与政府部门的协调。其主要包括：与工程质量监督机构的交流和协调；建设工程合同备案；协助建设单位在征地、拆迁、移民等方面的工作，争取得到政府有关部门的支持；现场消防设施的配置得到消防部门检查认可；现场环境污染防治得到环保部门认可等。

2）与社会团体、新闻媒介等的协调。建设单位和项目监理机构应把握机会，争取社会各界对建设工程的关心和支持。这是一种争取良好社会环境的远外层关系的协调，建设单位应起主导作用。

3. 项目监理机构组织协调方法

项目监理机构可采用以下方法进行组织协调：

（1）会议协调法

会议协调法是建设工程监理中最常用的一种协调方法，包括第一次工地会议、监理例会、专题会议等。

1）第一次工地会议。第一次工地会议是建设工程尚未全面展开、总监理工程师下达开工令前，建设单位、监理单位和施工单位对各自人员及分工、开工准备、监理例会的要求等情况进行沟通和协调的会议，也是检查开工前各项准备工作是否就绪并明确监理程序的会议。第一次工地会议应由建设单位主持，监理单位、施工总承包单位授权代表参加，也可邀请分包单位代表参加，必要时可邀请有关设计单位人员参加。第一次工地会议上，总监理工程师应介绍监理工作的目标、范围和内容、项目监理机构及人员职责分工、监理工作程序、方法和措施等。

2）监理例会。监理例会是项目监理机构定期组织有关单位研究解决与监理相关问题的会议。监理例会应由总监理工程师或其授权的专业监理工程师主持召开，宜每周召开一次。参加人员包括：项目总监理工程师或总监理工程师代表、其他有关监理人员、施工单位项目经理、施工单位其他有关人员。需要时，也可邀请其他有关单位代表参加。

监理例会主要内容应包括：

① 检查上次例会定事项的落实情况，分析未完事项原因；

② 检查分析工程项目进度计划完成情况，提出下一阶段进度目标及其落实措施；

③ 检查分析工程项目质量、施工安全管理状况，针对存在的问题提出改进措施；

④ 检查工程量核定及工程款支付情况；

⑤ 解决需要协调的有关事项；

⑥ 其他有关事宜。

3）专题会议。专题会议是由总监理工程师或其授权的专业监理工程师主持或参加的，为解决建设工程监理过程中的工程专项问题而不定期召开的会议。

（2）交谈协调法

在建设工程监理实践中，并不是所有问题都需要开会来解决，有时可采用"交谈"的方法进行协调。交谈包括面对面的交谈和电话、电子邮件等形式交谈。

无论是内部协调还是外部协调，交谈协调法的使用频率都是相当高的。由于交谈本身没有合同效力，而且具有方便、及时等特性，因此，工程参建各方之间及项目监理机构内部都愿意采用这一方法进行协调。此外，相对于书面寻求协作而言，人们更难于拒绝面对面的请求。因此，采用交谈方式请求协作和帮助比采用书面方法实现的可能性要大。

（3）书面协调法

当会议或者交谈不方便或不需要时，或者需要精确地表达自己的意见时，就会采用书面协调的方法。书面协调法的特点是具有合同效力，可用于以下几种情况：

1）不需双方直接交流的书面报告、报表、指令和通知等；

2）需要以书面形式向各方提供详细信息和情况通报的报告、信函和备忘录等；

3）事后对会议记录、交谈内容或口头指令的书面确认。

总之，组织协调是一种管理艺术和技巧，监理工程师尤其是总监理工程师需要掌握领导科学、心理学、行为科学方面的知识和技能，如激励、交际、表扬和批评的艺术、开会艺术、谈话艺术、谈判技巧等。只有这样，监理工程师才能进行有效的组织协调。

三、协调会议任务书

1. 小组训练任务

模拟召开××工程项目装饰装修工程与水电安装工程协调会议，并形成协调会议纪要。

2. 背景资料

××工程项目工程概况，工程施工情况（主体结构完成，装饰装修工程开始），现召开一个装饰装修工程与水电安装工程协调会议，对施工的位置、顺序、成品的保护问题进行协调，并形成协调会议纪要。

3. 任务步骤

详见项目 1 的任务步骤。

4. 任务步骤提示

（1）什么是专业协调会议？其主要作用是什么？召开专业协调会议的程序是怎样的？

（2）本次专业协调会议应该由谁主持召开，主要的参加人员有哪些？

（3）组织协调的原则是什么？

（4）本次协调会议属于哪种协调手段？

（5）本次协调会议主要协调哪些问题？

（6）会议纪要见表 4-1。

会议纪要　　　　　　　　　　　　　　　　　表 4-1

工程名称：

会议主题：	会议地点：
会议日期：	参会单位：
参会人员：	主持单位：

会议纪要内容及结论

5. 任务要求

（1）根据组长的分配，模拟召开××工程项目装饰装修工程与水电安装工程协调会议，根据不同的角色分析议题和各专业的不同需求，商讨共同点取得一致意见，并形成会议纪要。

（2）请同学们给出合适的小组结果，并将结果填写到线上学习平台，提交给老师。

（3）提交完毕后，小组可进行再次讨论，可对本次完成的成果进行一次评价与个人总结，总结自身的收获与不足之处，也可对讨论过程提出意见。

四、习题

1. 单选题

（1）专题会议是由总监理工程师或其授权的专业监理工程师主持或参加的，为解决工程监理过程中的工程专项问题而（ ）召开的会议。

A. 不定期　　　　　　　　　　　　B. 定期

C. 每月组织召开一次　　　　　　　D. 按建设单位要求组织

（2）下列（ ）不属于项目监理机构组织协调方法。

A. 会议协调法　　　　　　　　　　B. 交谈协调法

C. 书面协调法　　　　　　　　　　D. 访问协调法

（3）项目监理机构组织协调方法不包括（ ）。

A. 网络协调法　　　　　　　　　　B. 交谈协调法

C. 书面协调法　　　　　　　　　　D. 会议协调法

（4）项目监理机构组织协调方法中，具有合同效力的协调方法是（ ）。

A. 会议协调法　　　　　　　　　　B. 交谈协调法

C. 书面协调法　　　　　　　　　　D. 访问协调法

（5）下列组织协调方法中，属于交谈协调的是（ ）。

A. 专题会议　　　　　　　　　　　B. 监理例会

C. 电话　　　　　　　　　　　　　D. 走访

（6）项目监理机构内部需求关系的协调主要包括对（ ）的平衡。

A. 监理人员需求　　　　　　　　　B. 监理资金

C. 监理地点　　　　　　　　　　　D. 监理时间

（7）项目监理机构的内部协调不包括（ ）。

A. 项目监理机构内部人际关系的协调　　B. 项目监理机构内部供求关系的协调

C. 项目监理机构内部组织关系的协调　　D. 项目监理机构内部需求关系的协调

（8）项目监理机构内部人际关系的协调不包括（ ）。

A. 在奖金考核上要注重工作业绩　　　　B. 在工作委任上要职责分明

C. 在绩效评价上要实事求是　　　　　　D. 在矛盾调解上要恰到好处

（9）项目监理机构与建设单位的协调不包括（ ）。

A. 监理工程师首先要理解建设工程总目标和建设单位的意图

B. 利用工作之便做好建设工程监理宣传工作，增进建设单位对建设工程监理的理解，特别是对建设工程管理各方职责及监理程序的理解

C. 主动帮助建设单位处理工程建设中的事务性工作，以自己规范化、标准化、制度化的工作去影响和促进双方工作的协调一致

D. 与建设单位项目负责人搞好关系，平时多请客吃饭

（10）下列关于项目监理机构内部组织关系的协调错误的是（　　）。

A. 在目标分解的基础上设置组织机构，根据工程特点及建设工程监理合同约定的工作内容，设置相应的管理部门

B. 明确规定每个部门的目标、职责和权限，最好以规章制度形式做出明确规定

C. 事先约定各个部门在工作中的相互关系

D. 把工作中的矛盾约到下班后解决

（11）以下关于项目监理机构与施工单位的协调说法错误的是（　　）。

A. 坚持原则，实事求是，严格按规范、规程办事，讲究科学态度

B. 协调不仅是方法、技术问题，更多的是语言艺术、感情交流和用权适度问题

C. 与施工单位的协调工作内容有与项目经理关系的协调

D. 与现场工人之间争吵的协调

（12）项目监理机构与设计单位的协调内容不包括（　　）。

A. 真诚尊重设计单位的意见，在设计交底和图纸会审时，要理解和掌握设计意图、技术要求、施工难点等，将标准过高、设计遗漏、图纸差错等问题解决在施工之前

B. 施工中发现设计问题，应及时按工作程序通过建设单位向设计单位提出

C. 监理单位可自主与设计单位联系，要求设计单位修改图纸

D. 注意信息传递的及时性和程序性

（13）监理单位与建设单位的联系、沟通工作中错误的是（　　）。

A. 总监理工程师要理解工程项目总目标和建设单位的意图、反复阅读合同或项目任务文件，做出决策安排时要考虑建设单位的期望和价值观念

B. 总监理工程师在发现工程已经出现难以返工的质量问题时，只要该问题不影响结构，可大事化小，小事化了，不需要跟建设单位讲明

C. 尊重建设单位，随时向建设单位主动报告工程情况，在建设单位做出决策时，提供充分的信息，让决策者及时了解项目的全貌、项目的实施状况、方案的利弊及对实施此决策的影响

D. 让建设单位参与工程的建设过程，使其理解责、权、利的重要性，从而理解项目实施全过程的工作情况，达到比预期更好的效果

（14）监理单位与设计单位的沟通工作内容中，错误的是（　　）。

A. 施工图发放后，承包单位应透彻图纸内容，及时发现问题，书面汇总后，待设计方在施工图技术交底和会审时做出答复或说明，经与会各方商议一致，形成施工图会审纪要后，仅由设计单位签字盖章后，分发有关各方作为工程建设施工的依据

B. 施工过程中，建设单位需对工程提出变更时，应通知设计单位，由设计方发出相应设计变更通知单，经建设单位、监理单位签认后，发至相关单位进行工程施工

C. 施工过程中，如施工单位提出的工程变更，应事先将该变更通知监理单位，监理

单位接收并征得建设单位同意后，再经设计单位确认后正式生效

D. 有关分包单位提出施工变更，需先报经总承包商同意后，再由承包商通知监理单位

（15）项目监理机构系统外部协调分为近外层协调和远外层协调，建设单位与近外层关联单位一般（　　　）。

A. 无合同关系　　　　　　　　　　B. 有委托关系

C. 有合同关系　　　　　　　　　　D. 有利害关系

（16）下列协调工作中，属于项目监理机构内部人际关系协调工作的是（　　　）。

A. 事先约定各个部门在工作中的相互关系

B. 建立信息沟通制度

C. 平衡监理人员使用计划

D. 委任工作职责分明

（17）下列属于项目监理结构组织协调方法中书面协调的是（　　　）。

A. 月报　　　　　　　　　　　　　B. 走访

C. 监理例会　　　　　　　　　　　D. 面谈

2. 多选题

（1）下列组织协调工作中，属于项目监理机构内部组织关系协调工作的有（　　　）。

A. 在目标分解的基础上设置组织机构　　B. 恰到好处地调解个人矛盾

C. 明确每个部门的职责和权限　　　　　D. 建立信息沟通制度

E. 事先约定各个部门在工作中的相互关系

（2）监理工程师在协调与设计单位的关系时，要特别注意（　　　）。

A. 真诚尊重设计单位的意见

B. 明确设计单位意图

C. 促使设计单位按合同规定出图或提前出图

D. 按承建单位要求组织工程设计

E. 充分体现设计单位、施工单位的合法权益

（3）项目监理机构外部的协调包括（　　　）。

A. 项目监理机构与建设单位的协调

B. 项目监理机构与施工单位的协调

C. 项目监理机构与政府部门及其他单位的协调

D. 项目监理机构与监理单位安检部的协调

E. 项目监理机构与设计单位的协调

（4）项目监理机构与施工单位的协调工作内容主要有（　　　）。

A. 与施工项目经理关系的协调　　　　B. 施工进度和质量问题的协调

C. 对施工单位违约行为的处理　　　　D. 施工合同争议的协调

E. 对分包单位的管理

（5）项目监理机构协调工作的基本原则有（　　　）。

A. 必须以合同为依据，充分认识到协调不是"和稀泥"，对产生不协调的双方，应分清责任予以解决并使双方在新的基础上达到协调一致

B. 站在公正的立场上协调，以理服人

C. 决策要果断，抓大放小，要有权威性，在一些问题上不要怕得罪人，要有基本原则

D. 总监理工程师要做合作协调的表率

E. 建设单位是甲方，必须按建设单位的指令工作

（6）协调工作常用的方法有（　　　）。

A. 召开协调会议　　　　　　　　　B. 运用信息，加强协商

C. 交流思想、联络感情　　　　　　D. 分析矛盾主因，全力予以解决

E. 明确合同中职责，使协调程序化

（7）下列属于监理机构组织协调中交谈协调的是（　　　）。

A. 面谈　　　　　　　　　　　　　B. 专题会议

C. 电话　　　　　　　　　　　　　D. 通知书

E. 网络

（8）在施工阶段，项目监理机构与施工单位的协调工作内容包括（　　　）。

A. 对承包商违约行为的处理　　　　B. 合同争议的协调

C. 督促承包商及时报告安全事故　　D. 对分包单位的管理

E. 与承包商项目经理关系的协调

码4-2　习题参考答案

项目 5　工程监理目标控制

知识目标

1. 了解监理的目标控制；
2. 熟悉主动控制、被动控制的基本原理及特点；
3. 掌握主动控制与被动控制在监理工作中的应用。

能力目标

1. 能对项目目标进行分解；
2. 会应用控制理论实现目标；
3. 能明确监理的工作内容；
4. 能通过主动控制、被动控制实现监理的目标控制。

重点、难点、关键点

1. 重点：主动控制、被动控制的基本原理；
2. 难点：主动控制与被动控制两者的关系；主动控制关键点的设置；
3. 关键点：如何将主动控制与被动控制相结合应用。

教学过程

一、任务导入

1. 案例导入

扫描码 5-1 导入案例，包含：

（1）监理交底、设置预控措施；

（2）交通事故导致出现混凝土施工冷缝；

（3）监理单位督促施工单位采取措施进行弥补；

（4）分析原因，补充控制点。

2. 引导思考

工程监理的目标控制。

3. 引出

监理目标控制：

（1）主动控制、被动控制的基本原理

（2）主动控制、被动控制的区别与联系

（3）主动控制采取的措施

码5-1 项目5案例

二、知识准备

1. 主动控制、被动控制的基本原理

主动控制可以解决将教训上升为经验，用以指导拟建工程的实施，起到避免重蹈覆辙的作用，降低偏差发生的概率及其严重程度。被动控制通过发现偏差，落实并实施纠偏措施，减少偏差的严重程度，达到控制的效果。通过目标计划值和实际值的比较分析，以发现偏差进行改进。

2. 主动控制、被动的区别与联系

（1）主动控制：主动控制可以表述为其他不同的控制类型。

主动控制是一种事前控制。必须在计划实施之前就采取控制措施，以降低目标偏离的可能性或其后果的严重程度，起到防患于未然的作用。

主动控制是一种前馈控制。用以指导拟建工程的实施，起到避免重蹈覆辙的作用。

主动控制通常是一种开环控制。

主动控制是一种面对未来的控制，可以解决传统控制过程中存在的时滞影响，尽最大可能避免偏差已经成为现实的被动局面，降低偏差发生的概率及其严重程度，从而使目标得到有效控制。

（2）被动控制：被动控制可以表述为其他的控制类型。

被动控制是一种事中控制和事后控制，可以降低目标偏离的严重程度，并将偏差控制在尽可能小的范围内。

被动控制是一种反馈控制。

被动控制是一种闭环控制（即循环控制）。

被动控制是一种面对现实的控制。

（3）增大主动控制在控制过程中的比例，同时进行定期、连续的被动控制。主动控制与被动控制相结合，方能完成项目目标控制的根本任务。

3. 主动控制采取的措施

①详细调查并分析研究外部环境条件；②识别风险；③用科学的方法制订计划；④高质量地做好组织工作；⑤制定必要的备用方案；⑥计划应有适当的松弛度，即"计划应留有余地"；⑦建立有效的信息反馈系统。

4. 被动控制采取的措施

①应用现代化管理方法和手段跟踪、测试、检查工程实施过程，发现异常情况及时采取纠偏措施；②明确项目管理组织中过程控制人员的职责，发现问题及时采取措施进行处理；③建立有效的信息反馈系统，及时反馈偏离目标值的情况，以便及时采取措施予以纠正。

5. 建设工程三大目标之间的关系（表5-1）

建设工程三大目标之间的关系　　　　　　　　　　　　　表 5-1

三大目标之间关系	对立关系	在通常情况下，如果对工程质量有较高的要求，就需要投入较多的资金和花费较长的建设时间；如果要抢时间、争进度，以极短的时间完成建设工程，势必会增加投资或者使工程质量下降；如果要减少投资、节约费用，势必会考虑降低工程项目的功能要求和质量标准。这些表明，建设工程三大目标之间存在着矛盾和对立的一面

三大目标之间关系	统一关系	在通常情况下，适当增加投资数量，为采取加快进度的措施提供经济条件，即可加快工程建设进度，缩短工期，使工程项目尽早动用，投资尽早收回，建设工程全寿命期经济效益得到提高；适当提高建设工程功能要求和质量标准，虽然会造成一次性投资的增加和建设工期的延长，但能够节约工程项目动用后的运行费和维修费，从而获得更好的投资效益；如果建设工程进度计划既科学又合理，使工程进展具有连续性和均衡性，不但可以缩短建设工期，而且有可能获得较好的工程质量和降低工程造价

6. 建设工程总目标的分析论证

建设工程总目标是建设工程目标控制的基本前提，也是建设工程监理成功与否的重要判据。确定建设工程总目标，需要根据建设工程投资方及利益相关者需求，并结合建设工程本身及所处环境特点进行综合论证。

分析论证建设工程总目标，应遵循下列基本原则：

（1）确保建设工程质量目标符合工程建设强制性标准。工程建设强制性标准是有关人民生命财产安全、人体健康、环境保护和公众利益的技术要求，在追求建设工程质量、造价和进度三大目标间最佳匹配关系时，应确保建设工程质量目标符合工程建设强制性标准。

（2）定性分析与定量分析相结合。在建设工程目标系统中，质量目标通常采用定性分析方法，而造价、进度目标可采用定量分析方法。对于某一建设工程而言，采用不同的质量标准，会有不同的工程造价和工期，需要采用定性分析与定量分析相结合的方法综合论证建设工程三大目标。

（3）不同建设工程三大目标可具有不同的优先等级。建设工程质量、造价、进度三大目标的优先顺序并非固定不变。建设工程的建设背景、复杂程度、投资方及利益相关者需求等不同，决定了三大目标的重要性顺序不同。有的建设工程工期要求紧迫，有的建设工程资金紧张等，因此三大目标在不同建设工程中具有不同的优先等级。

总之，建设工程三大目标之间密切联系、相互制约，需要应用多目标决策、多级梯阶、动态规划等理论统筹考虑、分析论证，努力在"质量优、投资省、工期短"之间寻求最佳匹配。

7. 三大目标动态控制过程

建设工程监理工作的关键在于动态控制。为此，需要在建设工程实施过程中监测实施绩效，并将实施绩效与计划目标进行比较，采取有效措施纠正实施绩效与计划目标之间的偏差，力求使建设工程实现预定目标。建设工程目标体系的 PDCA（Plan—计划；Do—执行；Check—检查；Action—纠偏）动态控制过程如图 5-1 所示。

8. 三大目标控制任务

（1）建设工程质量控制任务。建设工程质量控制，就是通过采取有效措施，在满足工程造价和进度要求的前提下，实现预定的工程质量目标。

项目监理机构在建设工程施工阶段质量控制的主要任务是通过对施工投入、施工和安装过程、施工产出品（分项工程、分部工程、单位工程、单项工程等）进行全过程控制，以及对施工单位及其人员的资质、材料和设备、施工机械和机具、施工方案和方法、施工

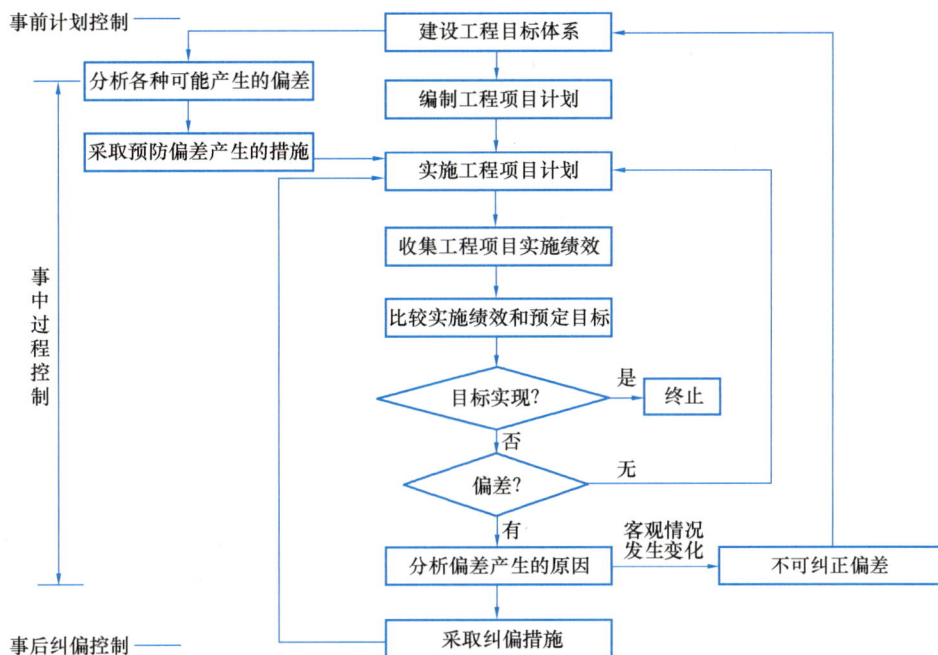

图 5-1　建设工程目标体系的 PDCA 动态控制过程

环境实施全面控制，以期按标准实现预定的施工质量目标。

为完成施工阶段质量控制任务，项目监理机构需要做好以下工作：协助建设单位做好施工现场准备工作，为施工单位提交合格的施工现场；审查确认施工总包单位及分包单位资格；检查工程材料、构配件、设备质量；检查施工机械和机具质量；审查施工组织设计和施工方案；检查施工单位的现场质量管理体系和管理环境；控制施工工艺过程质量；验收分部分项工程和隐蔽工程；处置工程质量问题、质量缺陷；协助处理工程质量事故；审核工程竣工图，组织工程预验收；参加工程竣工验收等。

（2）建设工程造价控制任务。建设工程造价控制，就是通过采取有效措施，在满足工程质量和进度要求的前提下，力求使工程实际造价不超过预定造价目标。

项目监理机构在建设工程施工阶段造价控制的主要任务是通过工程计量、工程付款控制、工程变更费用控制、预防并处理好费用索赔、挖掘降低工程造价潜力等使工程实际费用支出不超过计划投资。

为完成施工阶段造价控制任务，项目监理机构需要做好以下工作：协助建设单位制订施工阶段资金使用计划，严格进行工程计量和付款控制，做到不多付、不少付、不重复付；严格控制工程变更，力求减少工程变更费用；研究确定预防费用索赔的措施，以避免、减少施工索赔；及时处理施工索赔，并协助建设单位进行反索赔；协助建设单位按期提交合格施工现场，保质、保量、适时、适地提供由建设单位负责提供的工程材料和设备；审核施工单位提交的工程结算文件等。

（3）建设工程进度控制任务。建设工程进度控制，就是通过采取有效措施，在满足工程质量和造价要求的前提下，力求使工程实际工期不超过计划工期目标。

项目监理机构在建设工程施工阶段进度控制的主要任务是完善建设工程控制性进度计

划、审查施工单位提交的进度计划、做好施工进度动态控制工作、协调各相关单位之间的关系、预防并处理好工期索赔，力求实际施工进度满足计划施工进度的要求。

为完成施工阶段进度控制任务，项目监理机构需要做好以下工作：完善建设工程控制性进度计划；审查施工单位提交的施工进度计划；协助建设单位编制和实施由建设单位负责供应的材料和设备供应进度计划；组织进度协调会议，协调有关各方关系；跟踪检查实际施工进度；研究制定预防工期索赔的措施，做好工程延期审批工作等。

三、主动控制与被动控制相结合任务书

1. 小组训练任务

制定××工程项目主动控制与被动控制相结合的方案。

2. 背景资料

××工程项目工程概况，相关图纸、资料等。

3. 任务步骤

详见项目 1 的任务步骤。

4. 任务步骤提示

(1) 目标控制：

1) 什么是目标控制？

2) 控制的前提是什么？

3) 控制的方法是什么？

4) 控制的措施有哪些？

(2) 什么是施工措施？施工措施与监理措施的区别是什么？

(3) 控制的基本环节是什么？

(4) 主动控制与被动控制：

1) 他们的原理分别是什么？

2) 主动控制与被动控制之间的关系是什么？

(5) 如何将主动控制与被动控制相结合应用？

5. 任务要求

同学们可在网上或图书馆查阅相关资料，制定××工程项目主动控制与被动控制相结合的方案，要求以 PPT 加 Word 的形式展示。其余要求同项目 1。

四、习题

1. 单选题

(1) 一般而言，建设工程的目标控制应是(　　)过程。

A. 非周期性的无限循环　　　　　　　　B. 非周期性的有限循环

C. 周期性的无限循环　　　　　　　　　D. 周期性的有限循环

(2) 下列关于建设工程投资、进度、质量三大目标之间基本关系的说法，表达目标之间统一关系的是(　　)。

A. 缩短工期，可能增加工程投资

B. 减少投资，可能要降低功能和质量要求

C. 提高功能和质量要求，可能延长工期

D. 提高功能和质量要求，可能降低运行费用和维修费用

（3）下列体现建设工程三大目标之间的对立关系是的（　　）。

A. 适当增加投资数量，缩短工期，使工程项目尽早动用，投资应尽早收回

B. 适当提高建设工程功能要求和质量标准，能够节约工程项目动用后的运行费用和维修费用

C. 制订科学合理的建设工程进度计划，不但可以缩短建设工期，而且有可能获得较好的工程质量和降低工程造价

D. 如果要抢时间，争进度，以极短的时间完成建设工程，势必会增加投资或者使工程质量下降

（4）由建设工程投资、进度、质量三大目标之间存在对立关系可知，建设工程三大目标应（　　）。

　A. 同时达到最优　　　　　　　　B. 分别进行分析与论证

　C. 作为一个系统统筹考虑　　　　D. 尽可能进行定量的分析

（5）当采取某项投资控制措施时，如果该项措施会对进度目标和质量目标产生不利影响，就应考虑其他更好的措施。这是建设工程投资的（　　）。

　A. 动态控制　　　　　　　　　　B. 系统控制

　C. 全方位控制　　　　　　　　　D. 全过程控制

（6）从动态控制角度，关于建设工程进度控制的说法正确的是（　　）。

A. 进度控制措施可能对造价目标和质量目标产生不利的影响

B. 局部工期拖延对进度计划中的关键工作产生直接的影响

C. 局部工期拖延将对进度目标造成等值或等比例的延误

D. 进度目标的实现取决于进度计划中关键工作的按期完成

（7）关于主动控制与被动控制的说法，正确的是（　　）。

A. 被动控制的作用之一是可以降低偏差发生的概率及其偏差的严重程度

B. 对于发生概率小且发生后损失较小的风险因素，采取主动控制措施更经济

C. 被动控制的效果在很大程度上取决于反馈信息的全面性、及时性和可靠性

D. 仅仅采取被动控制措施是不现实的，因为很多风险因素是不可预见的

（8）关于主动控制与被动控制的说法，错误的是（　　）。

A. 仅采取被动控制措施，出现偏差是不可避免的

B. 仅采取主动控制措施是不可能的，也是不经济的

C. 采取主动措施需付出一定代价，适合于风险量大的风险事件

D. 被动控制可以针对出现的问题采取措施，比主动控制效果好

（9）目标计划与目标控制之间是（　　）。

　A. 作用不同的主辅关系　　　B. 同时出现的并列关系

　C. 先后出现的流程关系　　　D. 交替出现的循环关系

（10）下列对建设工程目标控制的要求中，属于进度全方位控制的是（　　）。

A. 对整个建设工程所有目标进行控制

B. 在工程建设的早期就编制进度计划

C. 对整个建设工程所有工作内容的进度进行控制

D. 确保基本质量目标的实现以免影响进度目标

(11) 对建设工程进行质量控制，从产品需求者角度来看，应加强（   ）的质量控制。

A. 施工单位   B. 设计单位

C. 监理单位   D. 建设单位

(12) 为预防发生差错或问题而提前采取的措施是指（   ）。

A. 事前控制措施   B. 事后控制措施

C. 预防控制措施   D. 事中控制措施

(13) 为了建立建设工程实际值与计划值的对应关系，在建设工程实施的不同阶段，目标分解应满足的要求是（   ）。

A. 分解深度、细度相同，且分解原则、方法也相同

B. 分解深度、细度不同，但分解原则、方法相同

C. 分解深度、细度相同，但分解原则、方法不同

D. 分解深度、细度不同，且分解原则、方法也不同

(14) 下列各组数值比较中，一般不用于投资控制动态比较的是（   ）。

A. 合同价与实际投资值   B. 投标价与施工图预算值

C. 概算值与施工图预算值   D. 合同价与概算值

(15) 监理工作方法及措施中，根据措施实施时间不同可将监理工作措施分为（   ）。

A. 事前控制、事中控制、事后控制   B. 前馈控制、反馈控制

C. 开环控制、闭环控制   D. 主动控制、被动控制

2. 多选题

(1) 监理工作目标通常以建设工程（   ）目标的控制值来表示。

A. 工期   B. 质量

C. 造价   D. 进度

E. 安全

(2) 分析论证建设工程总目标，应遵循（   ）基本原则。

A. 确保建设工程质量目标符合工程建设强制性标准

B. 定性分析与定量分析相互独立

C. 定性分析与定量分析相结合

D. 不同建设工程三大目标具有相同的优先等级

E. 不同建设工程三大目标可具有不同的优先等级

(3) 下列关于建设工程进度全过程控制的表述中，正确的有（   ）。

A. 对整个建设工程所有工作内容的进度都要进行控制

B. 在工程建设的早期就应当编制进度计划

C. 在编制进度计划时要充分考虑各阶段工作之间的合理搭接

D. 注意各方面工作进度对施工进度的影响

E. 抓好关键工作的进度控制

(4) 目标控制的流程中，将目标实际值与计划值进行比较时，应该满足（   ）的要求。

A. 严格规定比较周期

B. 明确目标实际值与计划值内涵

C. 合理选择比较对象

D. 正确制定纠偏措施

E. 建立目标实际值与计划值之间对应关系

（5）下列关于被动控制的说法，正确的有（　　）。

A. 被动控制的作用之一是可以降低偏差发生的概率

B. 被动控制可以降低目标偏离的严重程度

C. 被动控制表现为一个循环过程

D. 被动控制是一种面对现实的控制

E. 被动控制是一种前馈控制

（6）对建设工程投资、进度、质量三大目标之间的统一关系进行客观且定量的分析时，应注意的问题有（　　）。

A. 将投资、进度、质量目标分别进行优化，使投资、进度、质量目标同时达到最优

B. 掌握客观规律，充分考虑制约因素

C. 对未来的预期收益不宜过于乐观

D. 将目标规划和计划结合起来考虑

E. 将目标规划和计划分开考虑

（7）下列对建设工程目标控制的要求中，属于建设工程质量系统控制的要求有（　　）。

A. 确保基本质量目标的实现

B. 避免不断提高质量目标的倾向

C. 确保政府质量监督的有效性

D. 避免仅对施工阶段质量进行控制

E. 发挥质量控制对投资目标和进度目标的积极作用

（8）监理目标控制基本原理要求，实施监理目标控制必须（　　）。

A. 首先确定监理措施

B. 把前馈控制与反馈控制相结合

C. 重视信息提取、加工、传递的全面、及时、准确性

D. 要注意对实际输出值的检查分析

E. 综合运用组织、技术、经济和合同手段

码5-2　习题参考答案

项目6 工程监理措施实施

一、任务导入

1. 案例导入

导入"市政桥梁抢工"的案例，包含采取"压中间、抢两头"的措施。

（1）技术措施："压中间"——箱梁采用外加工购入；修改设计，提高混凝土强度等级、掺早强剂；

（2）组织措施："抢两头"——在保证桥梁施工的前提下，增加人员、机具等投入，抢出工作面；

（3）经济措施：赶工所产生的费用由建设单位支付，按期完成给予奖励；

（4）合同措施：签订补充奖罚合同。

2. 引导思考

监理三大目标控制措施有哪些？各种措施适用于哪些情况？

3. 引出

监理措施实施：

（1）组织措施

（2）技术措施

（3）经济措施

（4）合同措施

二、知识准备

为了有效地控制建设工程项目目标，应从组织、技术、经济、合同方面采取措施。

（1）组织措施。组织措施是其他各类措施的前提和保障，包括：建立健全实施动态控制的组织机构、规章制度和人员，明确各级目标控制人员的任务和职责分工，改善建设工程目标控制的工作流程；建立建设工程目标控制工作考评机制，加强各单位（部门）之间的沟通协作；加强动态控制过程中的激励措施，调动和发挥员工实现建设工程目标的积极性和创造性等。

（2）技术措施。为了对建设工程目标实施有效控制，需要对多个可能的建设方案、施工方案等进行技术可行性分析。为此，需要对各种技术数据进行审核、比较，对施工组织设计、施工方案等进行审查、论证等。此外，在整个建设工程实施过程中，还需要采用工程网络计划技术、信息化技术等实施动态控制。

（3）经济措施。无论是对建设工程造价目标实施控制，还是对建设工程质量、进度目标实施控制，都离不开经济措施。经济措施不仅是审核工程量、工程款支付申请及工程结算报告，还需要编制和实施资金使用计划，对工程变更方案进行技术经济分析等。通过投资偏差分析和未完工程投资预测，可发现一些可能引起未完工程投资增加的潜在问题，从而便于以主动控制为出发点，采取有效措施加以预防。

（4）合同措施。加强合同管理是控制建设工程目标的重要措施。建设工程总目标及分目标将反映在建设单位与工程参建主体所签订的合同之中。由此可见，通过选择合理的承发包模式和合同计价方式，选定满意的施工单位及材料设备供应单位，拟订完善的合同条款，并动态跟踪合同执行情况及处理好工程索赔等，是控制建设工程目标的重要合同措施。

三、监理措施任务书

1. 小组训练任务

组织、技术、经济、合同措施在××工程项目中的应用。

2. 背景资料

××工程项目工程概况及相关图纸、资料。

3. 任务步骤

详见项目 1 的任务步骤。

4. 任务步骤提示

例如：造价、质量、进度控制中运用的组织、技术、经济、合同措施主要的内容是什么？

组织措施：建立健全监理组织，完善职责分工及有关制度，落实造价控制的责任。

技术措施：审核施工组织设计和施工方案，合理开支施工措施费，以及按合理工期组织施工，避免不必要的赶工费。

经济措施：及时进行计划费用与实际开支费用的比较分析。

合同措施：按合同条款支付工程款，防止过早、过量的现金支付，全面履约，减少对方提出索赔的条件和机会，正确处理索赔等。

5. 任务要求

同学们在网上或图书馆查阅相关资料，以组织、技术、经济、合同措施在××工程项目中的应用展开讨论，要求以 PPT 加 Word 的形式展示。其余要求同项目 1。

四、习题

1. 单选题

（1）为了有效地控制建设工程项目目标，应从组织、技术、经济、合同方面采取措施，其中（　　）是其他各类措施的前提和保障。

A. 合同措施 　　　　　　　　　　　　B. 组织措施

C. 经济措施 　　　　　　　　　　　　D. 技术措施

（2）选定满意的施工单位及材料设备供应单位是目标控制的（　　）。

A. 组织措施 　　　　　　　　　　　　B. 技术措施

C. 经济措施 　　　　　　　　　　　　D. 合同措施

（3）下列属于三大目标控制合同措施的是（　　）。

A. 调整控制人员的分工

B. 选择合理的承发包模式和合同计价方式

C. 要求施工范围增加施工机械，并给予合理的补偿

D. 修改技术方案加快施工进度

（4）下列属于建设工程目标控制经济措施的是（　　）。

A. 明确目标控制人员的任务和职能分工

B. 提出多个不同的技术方案

C. 分析不同合同之间的相互联系

D. 投资偏差分析

（5）选择合理的承发包模式和合同计价方式是目标控制的（　　）。

A. 组织措施 　　　　　　　　　　　　B. 技术措施

C. 经济措施 　　　　　　　　　　　　D. 合同措施

（6）建立建设工程目标控制工作考评机制，加强各单位（部门）之间的沟通协作，属于监理工作的（　　）。

A. 组织措施 　　　　　　　　　　　　B. 技术措施

C. 经济措施 　　　　　　　　　　　　D. 合同措施

（7）监理规划中，建立健全项目监理机构，完善职责分工，落实质量控制责任，属于质量控制的（　　）措施。

A. 技术 　　　　　　　　　　　　　　B. 经济

C. 合同 　　　　　　　　　　　　　　D. 组织

（8）下列监理工程师质量控制措施中，属于技术措施的是（　　）。

A. 落实质量责任 　　　　　　　　　　B. 制定协调程序

C. 组织平行检验 　　　　　　　　　　D. 优化信息流程

(9) 关于组织措施说法正确的是(   )。

A. 为了对建设工程目标实施有效控制

B. 组织措施是其他各类措施的前提和保障

C. 需要对多个可能的建设方案

D. 需要对各种技术数据进行审核、比较

(10) 采取 CM 承发包模式,属于控制建设工程进度的(   )措施。

A. 合同　　　　　　　　　　　　　B. 组织

C. 技术　　　　　　　　　　　　　D. 经济

(11) (   )是目标控制的技术措施。

A. 严格审查监督施工图设计　　　　B. 明确项目的组织结构

C. 采取对节约投资的奖励措施　　　D. 明确人员的管理职能分工

(12) (   )是目标控制的合同措施。

A. 严格审查监督施工图设计　　　　B. 明确项目的组织结构

C. 保证资金的到位　　　　　　　　D. 防止和处理索赔

(13) 下列监理工作措施中,属于进度控制技术措施的是(   )。

A. 完善职责分工及有关制度　　　　B. 确保资金及时供应

C. 建立多级网络计划体系　　　　　D. 正确处理工程索赔事宜

(14) 总监理工程师通过调整合同管理工作流程来加强合同管理,属于监理工作的(   )措施。

A. 合同　　　　　　　　　　　　　B. 组织

C. 技术　　　　　　　　　　　　　D. 经济

(15) 协助业主改善目标控制的工作流程是监理单位对建设工程目标控制采取的(   )措施。

A. 合同　　　　　　　　　　　　　B. 技术

C. 经济　　　　　　　　　　　　　D. 组织

(16) 下列关于监理规划目标控制的措施中属于进度控制技术措施的是(   )。

A. 落实进度控制责任,建立进度控制协调制度

B. 建立多级网络计划体系,监控施工单位作业计划实施

C. 建立激励机制,奖励工期提前的施工单位

D. 履行合同义务,协调有关各方的进度计划

(17) (   )是工程进度控制的经济措施。

A. 严格质量检查和验收,不符合合同规定质量要求的,拒付工程款

B. 及时进行计划费用与实际费用的分析比较

C. 按合同支付工程质量补偿金或奖金

D. 确保资金的及时供应

(18) 下列属于工程质量控制的技术措施的是(   )。

A. 协助完善质量保证体系

B. 对材料、设备采购,通过质量价格比选

C. 建立多级网络计划体系

D. 建立健全项目监理机构

（19）下列属于工程造价控制的技术措施的是（　　）。

A. 通过审核施工组织设计和施工方案，使施工组织合理化

B. 协助完善质量保证体系

C. 建立健全项目监理机构

D. 建立多级网络计划体系

2. 多选题

（1）监理工作要点中控制措施根据实施内容的不同可分为（　　）。

A. 技术措施　　　　　　　　　　　　B. 经济措施

C. 平行检验　　　　　　　　　　　　D. 合同措施

E. 旁站

（2）下列属于工程进度控制的经济措施的有（　　）。

A. 达到建设单位特定质量目标要求的，按合同支付工程质量补偿金或奖金

B. 对工期提前者实行奖励

C. 及时进行计划费用与实际费用的分析比较

D. 对应急工程实行较高的计价单价

E. 确保资金及时供应

（3）下列属于监理规划中工程质量控制经济措施及合同措施的有（　　）。

A. 达到建设单位特定质量目标要求的，按合同支付工程质量补偿金或奖金

B. 建立健全项目监理机构

C. 协助完善质量保证体系

D. 严格事前、事中和事后的质量检查监督

E. 严格质量检查和验收，不符合合同规定质量要求的，拒付工程款

（4）下列属于监理规划中监理单位对工作造价控制的技术措施是（　　）。

A. 及时进行计划费用与实际费用的分析比较

B. 减少施工单位的索赔，正确处理索赔事宜等

C. 对材料、设备采购，通过质量、价格比选，合理确定生产供应单位

D. 通过审核施工组织设计和施工方案，使组织施工合理化

E. 落实工作造价控制责任

（5）建设工程监理工作中，监理方合同管理的方法和措施应包括的内容有（　　）。

A. 合同管理工作流程与措施　　　　　　B. 合同管理表格

C. 施工合同签订　　　　　　　　　　　D. 合同执行状况的动态分析

E. 合同争议调解与索赔处理程序

（6）运用技术措施纠偏的关键是（　　）。

A. 提出多个不同的技术方案　　　　　　B. 明确目标控制人员的任务

C. 对不同的技术方案进行技术经济分析　　D. 可忽视对其经济效果的分析论证

E. 不要局限在已发生的费用上

（7）建设工程目标控制的组织措施包括（　　）。

A. 确定建设工程发包组织管理模式

B. 明确目标控制人员的任务和职能分工

C. 落实目标控制机构与相关人员

D. 改善目标控制工作流程

E. 对技术方案进行技术经济分析论证

(8) 建设工程三大目标控制的组织措施为（　　）。

A. 选定满意的施工单位及材料设备供应单位

B. 建立健全实施动态控制的组织机构

C. 建立建设工程目标控制工作考评机制

D. 改善建设工程目标控制的工作流程

E. 明确各级目标控制人员的任务和职责分工

(9) 下列关于建设工程三大目标控制技术措施的表述中，正确的有（　　）。

A. 对多个可能的建设方案、施工方案等进行技术可行性分析

B. 对施工组织设计、施工方案等进行审查、论证

C. 技术措施必须与经济措施结合使用才能取得好的效果

D. 采用工程网络计划技术、信息化技术等实施动态控制

E. 对由于业主原因所导致的目标偏差，技术措施可能成为首选措施

(10) 监理规划中质量控制的组织措施包括（　　）。

A. 严格质量检查与监督

B. 拒付不合格工程的款项

C. 落实质量控制责任

D. 完善监理人员职责分工

E. 制定质量监督管理制度

码6-1 习题参考答案

项目 7　工程监理管理和安全履责

知识目标

1. 了解合同管理、工程监理信息系统、安全管理；
2. 熟悉合同管理和安全管理的内容、流程；
3. 掌握合同管理和安全管理在工作中的应用。

能力目标

1. 能对合同内容进行交底；
2. 会对现场安全隐患进行排查；
3. 会应用监理相关软件进行资料整理；
4. 能在工作中实施各项管理工作。

重点、难点、关键点

1. 重点：各项管理的基本内容；
2. 难点：各项管理之间的联系；
3. 关键点：各项管理的方法。

教学过程

一、任务导入

1. 案例导入

导入"合同纠纷事件"案例。

（1）合同约定

某建筑公司（甲方）与建材供应商（乙方）签订了一份建材采购合同。合同约定，乙方需在 3 个月内分批次向甲方供应特定规格和质量标准的钢材，用于甲方正在施工的一个大型商业建筑项目。钢材单价按照市场行情定价，但在合同签订时锁定了一个基础价格范围，如有波动，双方需提前协商调整。付款方式为每批次货物交付验收合格后的 7 个工作日内，甲方支付该批次货款的 80％，剩余 20％在项目整体竣工且全部建材验收合格后一次性付清。同时，合同中明确规定，若一方违约，需向对方支付合同总金额 10％的违约金。

（2）合同纠纷产生

在供应过程中，由于市场原材料价格大幅上涨，乙方提出要提高钢材单价，否则无法按照合同约定的时间和质量标准供货。甲方则认为，合同已经明确约定了价格调整的条件，目前并不满足，乙方应继续履行合同。乙方在未与甲方达成一致的情况下，擅自延迟了第二批钢材的交付时间，导致甲方的施工进度受到严重影响，部分施工环节被迫停工等待材料。

（3）双方争议焦点

1）价格调整问题：乙方认为市场价格波动超出预期，继续按照原合同价格供货会导致自身严重亏损，有权要求调整价格。甲方则坚持按照合同约定，认为乙方无理要求涨价，违反合同条款。

2）违约责任认定：甲方认为乙方延迟交货构成违约，应按照合同约定支付违约金，并赔偿因停工造成的损失。乙方则辩称，价格上涨是不可预见的客观情况，延迟交货是为了避免更大损失，不应承担违约责任。

（4）解决方式

双方经过多次协商无果后，甲方将乙方告上法庭。法院审理后认为，虽然市场价格波动属于商业风险，但合同对价格调整有明确约定，乙方擅自涨价和延迟交货的行为构成违约。最终判决乙方按照合同约定支付违约金，并赔偿甲方因停工造成的部分直接经济损失。同时，考虑到市场价格波动的实际情况，法院也组织双方重新协商了后续批次钢材的价格，在合理范围内进行了适当调整，以保障合同的继续履行。

2. 引导思考

工程监理管理

3. 引出

工程监理管理和安全履责：

（1）管理的基本概念；

（2）合同管理的基本知识；

（3）信息管理的基本知识；

（4）安全管理的基本知识。

二、知识准备

管理是指在特定的环境条件下，以人为中心，通过计划、组织、指挥、协调、控制及创新等手段，对组织所拥有的人力、物力、财力、信息等资源进行有效决策、计划、组织、领导、控制，以期高效地达到既定组织目标的过程。

1. 合同管理

建设工程实施过程中会涉及许多合同，如勘察设计合同、施工合同、监理合同、咨询合同、材料设备采购合同等。合同管理是在市场经济体制下组织建设工程实施的基本手段，也是项目监理机构控制建设工程质量、造价、进度三大目标的重要手段。

完整的建设工程施工合同管理应包括施工招标的策划与实施；合同计价方式及合同文本的选择；合同谈判及合同条件的确定；合同协议书的签署；合同履行检查；合同变更、违约及纠纷的处理；合同订立和履行的总结评价等。

根据《建设工程监理规范》GB/T 50319—2013，项目监理机构在处理工程暂停及复工、工程变更、索赔及施工合同争议、解除等方面的合同管理职责如下：

（1）施工合同争议的处理

项目监理机构应按《建设工程监理规范》GB/T 50319—2013 规定的程序处理施工合同争议。在处理施工合同争议过程中，对未达到施工合同约定的暂停履行合同条件的，应要求施工合同双方继续履行合同。

在施工合同争议的仲裁或诉讼过程中，项目监理机构应按仲裁机关或法院要求提供与争议有关的证据。

（2）施工合同解除的处理

1）因建设单位原因导致施工合同解除时，项目监理机构应按施工合同约定与建设单位和施工单位协商确定施工单位应得款项，并签发工程款支付证书。

2）因施工单位原因导致施工合同解除时，项目监理机构应按施工合同约定，确定施工单位应得款项或偿还建设单位的款项，与建设单位和施工单位协商后，书面提交施工单位应得款项或偿还建设单位款项的证明。

3）因非建设单位、施工单位原因导致施工合同解除时，项目监理机构应按施工合同约定处理合同解除后的有关事宜。

（3）建设工程的组织模式

1）平行承包模式

优点：①有利于缩短工期、控制质量；②有利于建设单位在更广范围内选择施工单位。

缺点：①合同数量多，会造成合同管理困难；②工程造价控制难度大。

委托模式：①建设单位委托一家工程监理单位实施监理；②建设单位委托多家工程监理单位实施监理。

2）施工总承包模式

优点：①有利于建设工程的组织管理；②有利于建设单位的合同管理，减少协调工作量，可发挥工程监理单位与施工总承包单位多层次协调的积极性；③有利于控制工程造价；④有利于工程质量控制；⑤有利于总体进度的协调控制。

缺点：①建设周期较长；②施工总承包单位的报价可能较高。

委托模式：建设单位宜委托一家工程监理单位实施监理。

3）工程总承包模式

优点：①建设单位的合同关系简单，组织协调工作量小；②有利于控制工程进度，可缩短建设周期；③有利于工程造价控制。

缺点：①合同条款不易准确确定，容易造成合同争议；②合同管理难度一般较大，造成招标发包工作难度大；③工程信息未知数多，总承包单位要承担较大风险；④建设单位择优选择工程总承包单位的范围小；⑤工程质量控制难度加大。

委托模式：建设单位优先委托一家监理单位实施全过程监理。

2. 信息管理

基于互联网和计算机技术，建立工程监理信息系统已成为工程监理的基本手段。

工程监理信息系统的主要作用：作为处理工程监理信息的人-机系统。

工程信息管理的目标是实现信息的系统管理和提供必要的决策支持。工程信息管理系统可以为工程监理单位及项目监理机构提供标准化、结构化数据；提供预测、决策所需要的信息及分析模型；提供建设工程目标动态控制的分析报告；提供解决建设工程监理问题的多个备选方案。

工程信息管理系统应具备以下基本功能：信息管理、动态控制、决策支持、协同工作。

建筑信息建模（BIM）是利用数字模型对工程进行设计、施工和运营的过程。

BIM 以多种数字技术为依托，可以实现建设工程全寿命周期集成管理。

在建设工程实施阶段，借助于 BIM 技术，可以进行设计方案比选，模拟实际施工。

BIM 具有可视化、协调性、模拟性、优化性、可出图性等特点。

（1）可视化

可视化即"所见即所得"，可将以往的线条式构件形成一种三维的立体实物图形展示在人们面前。

应用 BIM 技术，不仅可以用来展示效果，还可以生成所需要的各种报表。更重要的是在工程设计、建造、运营过程中的沟通、讨论、决策都能在可视化状态下进行。

（2）协调性

可以将事后协调转变为事先协调。协调解决碰撞问题，通过模拟施工，事先发现问题。

（3）模拟性

应用 BIM 技术，在工程设计阶段可对节能、紧急疏散、日照、热能传导等进行模拟；在工程施工阶段可根据施工组织设计将 3D 模型加施工进度（4D）模拟实际施工，从而确定合理的施工方案以指导实际施工，还可进行 5D 模拟，实现造价控制；在运营阶段，可对日常紧急情况的处理进行模拟，如地震人员逃生模拟及消防人员疏散模拟等。

（4）优化性

目前，基于 BIM 技术的优化可完成：①设计方案优化；②特殊项目的设计优化。

（5）可出图性

应用 BIM 技术对建筑物进行可视化展示、协调、模拟、优化后，还可输出有关图纸或报告。

工程监理单位应用 BIM 的主要任务是借助 BIM 理念及其相关技术搭建统一的数字化工程监理信息平台，实现工程建设过程中各阶段数据信息的整合及其应用，进而更好地为建设单位创造价值，提高工程建设效率和质量。

目前，工程监理过程中应用 BIM 技术期望实现如下目标：

1）可视化展示。

2）提高工程设计和项目管理质量。

3）控制工程造价。

4）缩短工程施工周期。

现阶段，工程监理单位运用 BIM 技术提升服务价值，仍处于初级阶段，其应用范围主要包括：

1）可视化模型建立。可视化模型的建立是应用 BIM 的基础。

2）管线综合。

3）4D 虚拟施工。

4）成本核算。对于工程项目而言，预算超支现象是极其普遍的，而缺乏可靠的成本数据是工程造价超支的重要原因。

3. 安全管理

安全监理是指对工程建设中的人、机、环境及施工全过程进行安全评价、监控和督察，并采取法律、经济、行政和技术手段，保证建设行为符合国家安全生产、劳动保护法律、法规和有关政策，制止建设行为中的冒险性、盲目性和随意性，有效地把建设工程安全控制在允许的风险度范围以内，以确保安全性。安全监理是对建筑施工过程中安全生产状况实施的监督管理。项目监理机构应根据法律法规、工程建设强制性标准，履行建设工程安全生产管理的监理职责，并应将安全生产管理的监理工作内容、方法和措施纳入监理规划及监理实施细则。

（1）施工单位安全生产管理体系的审查

1）审查施工单位的安全生产管理制度、人员资格及验收手续

项目监理机构应审查施工单位现场安全生产规章制度的建立和实施情况；审查施工单位安全生产许可证的符合性和有效性；审查施工单位项目经理、专职安全生产管理人员和特种作业人员的资格；核查施工机械和设施的安全许可验收手续。

施工单位在使用施工起重机械和整体提升脚手架、模板等自升式架设设施前，应当组织有关单位进行验收，也可以委托具有相应资质的检验检测机构进行验收；使用承租的机械设备和施工机具及配件的，由施工总承包单位、分包单位、出租单位和安装单位共同进行验收，验收合格方可使用。

2）审查专项施工方案

项目监理机构应审查施工单位报审的专项施工方案，符合要求的，应由总监理工程师签认后报建设单位。超过一定规模的危险性较大的分部分项工程，应检查施工单位组织专家进行论证、审查的情况，以及是否附具安全验算结果。

专项施工方案审查的基本内容包括：

① 编审程序应符合相关规定。专项施工方案由施工项目经理组织编制，经施工单位技术负责人签字后，才能报送项目监理机构审查。

② 安全技术措施应符合工程建设强制性标准。

（2）专项施工方案的监督实施及安全事故隐患的处理

1）专项施工方案的监督实施

项目监理机构应要求施工单位按已批准的专项施工方案组织施工。专项施工方案需要调整时，施工单位应按程序重新提交项目监理机构审查。

项目监理机构应巡视检查危险性较大的分部分项工程专项施工方案实施情况。发现未按专项施工方案实施时，应签发监理通知单，要求施工单位按专项施工方案实施。

2）安全事故隐患的处理

项目监理机构在实施监理过程中，发现工程存在安全事故隐患时，应签发监理通知单，要求施工单位整改；情况严重时，应签发工程暂停令，并应及时报告建设单位。施工单位拒不整改或不停止施工时，项目监理机构应及时向有关主管部门报送监理报告。

紧急情况下，项目监理机构可通过电话、传真或者电子邮件向有关主管部门报告，事后应形成监理报告。

三、工程实施管理任务书

1. 小组训练任务

对一个工程实施管理（以××工程项目为例）。

2. 背景资料

××工程概况及相关法律法规、工程建设强制性标准、施工组织设计等。

3. 任务步骤

详见项目 1 的任务步骤。

4. 任务步骤提示

（1）建设工程实施过程中项目监理机构需要进行哪些管理？

（2）对于质量、造价、进度如何实施管理？

（3）合同管理

1）什么是合同管理？其作用是什么？

2）合同管理的内容有哪些？

3）对于工程暂停及复工、工程变更和工程索赔等情况项目监理机构应该如何处理？

（4）信息管理

1）什么是信息管理？

2）信息管理的基本环节有哪些？

3）信息管理系统的主要作用与基本功能是什么？

（5）安全履责

1）安全履责的工作内容有哪些？其工作方法是什么？具体采取什么措施？

2）项目监理机构对施工单位安全生产体系的审查内容；

3）专项施工方案审查的基本内容；

4）安全事故隐患应如何处理？

5. 任务要求

同学们在网上或图书馆查阅相关资料，以××工程项目为例展开讨论，要求以 PPT 加 Word 的形式展示。其余要求同项目 1 的任务要求。

四、习题

1. 单选题

（1）下列关于 PDCA 的说法正确的是（　　）。

A. P 指 phone
B. D 指 down

C. C 指 china
D. A 指 action

（2）工程监理人员发现工程设计不符合建筑工程质量标准或合同约定的质量要求的，应当报告（　　）要求设计单位改正。

A. 建设单位
B. 监理单位

C. 总承包单位
D. 建设行政主管部门

（3）《建设工程安全生产管理条例》规定，施工单位专职安全生产管理人员发现安全事故隐患，应当及时向项目负责人和（　　）报告。

A. 监理机构   B. 安全生产管理机构

C. 建设单位   D. 建设主管部门

（4）监理单位需要更换总监理工程师时，需要提前（   ）天向委托人报告，并经其同意后方可更换。

A. 7   B. 14   C. 21   D. 28

（5）不符合安全生产管理的监理工作内容是（   ）。

A. 审查监理单位现场安全生产规章制度的建立和实施情况

B. 对施工单位拒不整改或不停止施工时，应及时向有关主管部门报送监理报告

C. 巡视检查危险性较大的分部分项工程专项施工方案实施情况

D. 编制建设工程监理实施细则，落实相关监理人员

（6）下列关于监理合同生效说法错误的是（   ）。

A. 建设工程监理合同属于无生效条件的委托合同

B. 合同双方当事人依法订立后合同即生效

C. 建设工程监理合同属于有生效条件的委托合同

D. 委托人和监理人的法定代表人或其授权代理人在协议书上签字并盖单位章后合同生效

（7）一般情况下，总监理工程师签发工程暂停令，应事先征得（   ）同意。

A. 建设单位   B. 设计单位

C. 施工单位   D. 建设行政主管部门

（8）监理合同的标的是（   ）。

A. 服务   B. 造价

C. 质量   D. 工期

（9）因不可抗力导致监理人现场的物质损失和人员伤害，由（   ）负责。

A. 监理人   B. 设计方

C. 施工方   D. 建设单位

（10）在平行承发包模式下，如果建设单位委托多家工程监理单位提供监理服务，那么建设单位首先委托一个"总监理工程师单位"，各家监理单位是由（   ）选择的。

A. 建设单位   B. 总监理工程师单位

C. 建设单位和总监理工程师单位   D. 相关部门

（11）下列选项中，属于建设工程监理委托方式中平行承发包模式的缺点是（   ）。

A. 质量控制难度大   B. 造价控制难度大

C. 进度控制难度大   D. 业主选择承包单位范围小

（12）下列选项中，既适用于平行承发包模式，又适用于施工总承包和工程总承包模式的委托监理模式是业主（   ）。

A. 按不同合同标段委托多家工程监理单位

B. 按不同建设阶段委托工程监理单位

C. 委托一家工程监理单位

D. 委托多家工程监理单位

（13）在建设工程监理工作中，建设工程施工实行平行发包时，若建设单位委托多家

监理单位实施监理，则"总监理工程师单位"在监理工作中主要负责（　　）。

A. 协调、管理各参建单位的工作

B. 建设工程总规划和协调控制

C. 协调业主与各参建单位的关系

D. 协调、管理各参建单位和监理单位的工作

（14）在建设工程平行承发包模式下，需委托多家工程监理单位实施监理时，各工程监理单位之间的关系需要由（　　）进行协调。

A. 设计单位 　　　　　　　　　　　　B. 建设单位

C. 质量监督机构 　　　　　　　　　　D. 施工总承包单位

（15）工程监理单位应用 BIM 的主要任务是通过借助 BIM 理念及其相关技术搭建统一的（　　）工程信息平台，实现工程建设过程中各阶段数据信息的整合及其应用，进而更好地为建设单位创造价值，提高工程建设效率和质量。

A. 制度化 　　　　　　　　　　　　　B. 标准化

C. 数字化 　　　　　　　　　　　　　D. 可视化

（16）对业主合同管理而言，项目总承包管理模式的特点是（　　）。

A. 合同关系简单，故合同管理难度较小

B. 合同关系简单，但合同管理难度较大

C. 合同关系复杂，故合同管理难度较大

D. 合同关系复杂，但合同管理难度较小

（17）在工程施工阶段，可以通过模拟施工，事先发现施工过程中存在的问题，这体现了 BIM 的（　　）。

A. 可视化 　　　　　　　　　　　　　B. 协调性

C. 模拟性 　　　　　　　　　　　　　D. 优化性

（18）在工程设计阶段，可应用 BIM 技术协调解决施工过程中建筑物内设施的碰撞问题，这体现了 BIM 的（　　）。

A. 可视化 　　　　　　　　　　　　　B. 协调性

C. 模拟性 　　　　　　　　　　　　　D. 优化性

2. 多选题

（1）监理单位应及时更换（　　）监理人员。

A. 有严重过失行为的 　　　　　　　　B. 有违法行为不能履行职责的

C. 涉嫌犯罪的 　　　　　　　　　　　D. 不能胜任岗位职责的

E. 违反职业道德的

（2）监理合同终止的条件有（　　）。

A. 工程竣工并移交 　　　　　　　　　B. 监理人完成合同约定的全部工作

C. 施工单位办理完竣工结算 　　　　　D. 委托人与监理人结清并支付全部酬金

E. 施工单位保修期结束

（3）项目建设单位授予监理单位的权力，应明确反映在（　　）中。

A. 监理合同 　　　　　　　　　　　　B. 监理规划

C. 监理大纲 　　　　　　　　　　　　D. 施工合同

E. 监理细则

（4）施工总分包模式的优点之一是利于质量控制，其原因在于（　　）。

A. 有分包单位的自控

B. 有总包单位的监督

C. 有监理单位的检查认可

D. 有合同约束与分包单位之间相互制约

E. 有监理单位监督与分包单位之间相互制约

（5）项目监理机构发现（　　）时，总监理工程师应及时签发工程暂停令。

A. 建设单位要求暂停施工且工程需要暂停施工

B. 施工单位未经批准擅自施工或拒绝项目监理机构管理

C. 施工单位未按审查通过的工程设计文件施工

D. 施工单位施工质量未验收

E. 施工存在重大质量、安全事故隐患或发生质量、安全事故

（6）BIM 在工程项目管理中的应用范围包括（　　）方面。

A. 可视化模型建立　　　　　　　　B. 管线综合

C. 4D 虚拟施工　　　　　　　　　D. 成本核算

E. 3D 虚拟施工

（7）信息管理是建设工程监理的基础性工作，通过对建设工程形成的信息进行（　　），保证能够及时、准确地获取所需要的信息。

A. 收集　　　　　　　　　　　　　B. 整理

C. 保存　　　　　　　　　　　　　D. 存储

E. 传递与运用

（8）建设工程施工总承包模式有利于质量控制，其原因在于（　　）。

A. 合同关系简单

B. 有施工总承包单位的监督

C. 有工程监理单位的检查认可

D. 有合同约束与分包单位之间相互制约

E. 有工程监理单位与分包单位之间相互制约

（9）下列各种建设工程组织管理模式的优点中，利于工程造价控制的模式有（　　）。

A. 工程总承包模式　　　　　　　　B. 工程总承包管理模式

C. 设计总分包模式　　　　　　　　D. 施工总承包模式

E. 平行承发包模式

（10）施工阶段建设工程造价控制的主要任务是通过（　　）来努力实现实际发生的费用不超过计划投资。

A. 控制工程付款　　　　　　　　　B. 协调各有关单位关系

C. 控制工程变更费用　　　　　　　D. 预防及处理费用索赔

E. 挖掘节约投资潜力

（11）下列属于充分发挥合同作用的内容有（　　）。

A. 在建设单位的工程施工招标文件中明确施工范围，即明确总承包单位直接自行组

织完成的工程内容，建设单位另行发包的工程内容范围

B. 将建设单位与工程总承包单位签订的施工总合同的有关条款要求，分别纳入相对应的分包合同中

C. 各分包单位可不按与总承包单位签订的合同的要求，编制分包工程分部、分项施工组织设计，报总承包单位审批同意后才能进行施工

D. 各分包单位应以总工期和总承包单位的节点控制计划为依据，编制相应分包工程的施工进度计划，报总承包单位审批同意后才能进行施工

E. 总承包单位应对各分包单位的施工过程中进行质量监控

（12）合同管理制的基本内容有：建设工程的（   ）都要依法订立合同。

A. 勘察   B. 设计

C. 施工   D. 监理

E. 管理部门

（13）关于建设工程组织管理基本模式的说法，正确的有（   ）。

A. 平行承发包模式的优点是有利于投资控制

B. 项目总承包模式的缺点是不利于投资控制

C. 项目总承包模式的优点是监理单位的组织协调工作量小

D. 项目总承包管理模式的优点是有利于进度控制

E. 平行承发包模式的缺点是不利于业主选择承建单位

（14）建设工程监理合同的组成文件有（   ）。

A. 协议书   B. 中标通知书

C. 投标文件   D. 专用条件

E. 格式条款

码7-1 习题参考答案

项目 8　建设工程监理工作方法

1. 熟悉监理的工作内容；
2. 掌握监理的工作方法。

1. 能灵活运用监理工作方法；
2. 能在工作现场旁站、见证取样。

1. 重点：监理工作方法；
2. 难点：各监理工作方法的灵活应用；
3. 关键点：各监理工作方法所发挥的作用。

一、任务导入

1. 案例导入

扫描码 8-1 导入案例，包含：

监理单位在模板施工过程中进行巡视检查，发现模板平整度较差、个别位置模板接缝较大等问题。

码8-1 项目8案例

2. 引导思考

监理工作方法有哪些？

3. 引出

工程监理的工作方法为：

（1）巡视
（2）平行检验
（3）旁站
（4）见证取样

二、知识准备

1. 巡视

巡视是指项目监理人员对施工现场进行定期或不定期的检查活动。

（1）巡视的作用

巡视是监理人员针对现场施工质量和施工单位安全生产管理情况进行的检查工作，监理人员通过巡视检查，能够及时发现施工过程中出现的各类质量、安全问题，对不符合要求的情况及时要求施工单位进行纠正并督促整改，将问题消灭在萌芽状态。

（2）巡视工作内容和职责

项目监理单位应在监理规划的相关章节中编制体现巡视工作的方案、计划、制度等相关内容，以及在监理实施细则中明确巡视要点、巡视频率和措施，并明确巡视检查记录表。

巡视工作内容以现场施工质量、生产安全事故隐患为主，且不限于工程质量、安全生产方面的内容。及时、准确地将结果记录在巡视检查记录表中。

总监理工程师应根据经审核批准的监理规划和监理实施细则对现场监理人员进行交底，明确巡视检查要点、巡视频率和采取措施及采用的巡视检查记录表；合理安排监理人员进行巡视检查工作；督促监理人员按照监理规划及监理实施细则的要求开展现场巡视检查工作；总监理工程师应检查监理人员巡视的工作成果，与监理人员就当日巡视检查工作进行沟通，对发现的问题及时采取相应处理措施。

1）监理巡视检查主要内容

安全检查：检查施工现场的安全设施和安全措施是否符合安全要求，如脚手架、施工用电、安全帽等。

质量检查：检查建筑材料、设备、工艺等是否符合设计要求和规范标准，以及施工质量是否达到预期。

环保检查：检查施工现场的环保措施是否得当，如扬尘、噪声、污水等是否得到有效控制。

人员资质检查：检查施工现场的人员是否具备相应的资质证书，如特种作业人员、工程师等。

为了确保监理巡视检查的有效性，需要注意以下几点：

定期进行巡视检查：确保及时发现问题。

记录问题和整改情况：巡视检查中发现的问题应记录在案，并及时跟进整改情况。

加强沟通协调：巡视检查中发现问题时，应加强与施工方和其他相关方的沟通协调，共同解决问题。

提高监理巡视员的素质：监理巡视员应具备专业知识和丰富的工作经验，以提高巡视检查的质量和效果。同时，监理巡视员还应保持公正、客观、严谨的工作态度，确保巡视检查结果的准确性和可信度。

总之，监理巡视是建筑工程中不可或缺的一环。通过对施工现场的安全、质量、环保和人员资质等方面的检查，可以及时发现并解决问题，确保工程质量和安全，提高施工效率，保障施工人员权益，促进工程顺利进行。同时，为了确保监理巡视检查的有效性，还需要注意定期进行巡视检查、记录问题和整改情况、加强沟通协调以及提高监理巡视员的素质等。

2）巡视检查发现问题的处理

监理人员应按照监理规划及监理实施细则的要求开展巡视检查工作。在巡视检查中发现问题，应及时采取相应处理措施；巡视监理人员认为发现的问题自己无法解决或无法判断是否能够解决时，应立即向总监理工程师汇报；在监理巡视检查记录表中及时、准确、真实地记录巡视检查情况；对已采取相应处理措施的质量问题、生产安全事故隐患，检查整改落实情况，并反映在巡视检查记录表中。

2. 平行检验

平行检验是项目监理单位在施工单位自检的同时，按照有关规定、建设工程监理合同约定对同一检验项目进行的检测试验活动。

平行检验的内容包括工程实体量测（检查、试验、检测）和材料检验等。

（1）平行检验的作用

《建筑工程施工质量验收统一标准》GB 50300—2013 规定，施工现场质量管理检查记录、检验批、分项工程、分部（子分部）工程、单位（子单位）工程等的验收记录（检查评定结果）由施工单位填写，验收结论由监理（建设）单位填写。

监理人员不应只根据施工单位检查、验收情况填写验收结论，而应该在施工单位检查、验收的基础之上进行"平行检验"。

同样，对于原材料、设备、构配件以及工程实体质量等，也应在见证取样或施工单位委托检验的基础上进行"平行检验"。

（2）平行检验工作内容和职责

项目监理单位首先应依据建设工程监理合同编制符合工程特点的平行检验方案，明确平行检验的方法、范围、内容、频率等，并设计各平行检验记录表式。

3. 旁站

旁站是指项目监理单位对工程的关键部位或关键工序的施工质量进行的监督活动。关键部位、关键工序应根据工程类别、特点及有关规定确定。

（1）旁站的作用

旁站可以起到及时发现问题、第一时间采取措施、防止偷工减料、确保按施工方案施工、避免其他干扰正常施工的因素发生等作用。

（2）旁站工作内容

项目监理单位在编制监理规划时，应制定旁站方案，明确旁站的范围、内容、程序和旁站人员职责等。旁站应在总监理工程师的指导下，由现场监理人员负责具体实施。在旁站实施前，项目监理单位应根据旁站方案和相关的施工验收规范，对旁站人员进行技术交底。

监理人员实施旁站时，发现施工单位有违反工程建设强制性标准行为的，有权责令施工单位立即整改；发现其施工活动已经或者可能危及工程质量的，应当及时向监理工程师或者总监理工程师报告，由总监理工程师下达局部暂停施工指令或者采取其他应急措施。

旁站记录是监理工程师或者总监理工程师依法行使有关签字权的重要依据。对于需要旁站的关键部位、关键工序施工，凡没有实施旁站或者没有旁站记录的，专业监理工程师或者总监理工程师不得在相应文件上签字。在工程竣工验收后，工程监理单位应当将旁站记录存档备查。

项目监理单位应按照规定的关键部位、关键工序实施旁站。建设单位要求项目监理单位超出规定的范围实施旁站的，应当另行支付监理费用。

（3）旁站工作职责

旁站人员的主要工作职责包括但不限于以下内容：①检查施工单位现场质量管理人员到岗、特殊工种人员持证上岗以及施工机械、建筑材料准备情况；②在现场跟班监督关键部位、关键工序的施工单位执行施工方案以及工程建设强制性标准情况；③核查进场建筑材料、建筑构配件、设备和商品混凝土的质量检验报告等，并可在现场监督施工单位进行检验或者委托具有资格的第三方进行复验；④做好旁站记录和监理日记，保存旁站原始资料。

凡旁站监理人员未在旁站记录上签字的，不得进行下一道工序施工。

4．见证取样

见证取样是指项目监理机构对施工单位进行的涉及结构安全的试块、试件及工程材料现场取样、封样、送检工作的监督活动。

（1）见证取样程序

项目监理单位应根据工程的特点和具体情况，制定工程见证取样送检工作制度，将材料进场报验、见证取样送检的范围、工作程序、见证人员和取样人员的职责、取样方法等内容纳入监理实施细则，并召开见证取样工作专题会议，要求工程参建各方在施工中必须严格按制定的工作程序执行。

见证取样和送检制度，即在建设单位或监理单位人员见证下，由施工人员在现场取样，送至试验室进行试验。

见证取样的通常要求和程序如下：

1）一般规定

①见证取样涉及三方行为：施工方、见证方、试验方。

②试验室的资质资格管理：ⓐ各级工程质量监督检测机构（有 CMA 章，即计量认证章，1 年审查 1 次）。ⓑ建筑企业试验室应逐步转为企业内控机构，4 年审查 1 次。

第三方试验室检查：ⓐ计量认证书，CMA 章。ⓑ查附件，备案证书。

计量认证分为国家级、省级两级实施；两者实施的效力均完全一致。

见证人员必须取得《见证员证书》，且通过建设单位授权。授权后只能承担所授权工程的见证工作。对进入施工现场的所有建筑材料，必须按规范要求实行见证取样和送检试验，试验报告纳入质保资料。

2）授权

建设单位或工程监理单位应向施工单位、质监站和工程检测单位递交"见证单位和见证人员授权书"。授权书应写明本工程见证人单位及见证人姓名、证号，见证人不得少于2 人。

3）取样

施工单位取样人员在现场抽取和制作试样时，见证人必须在旁见证，且应对试样进行监护，并和委托送检的送检人员一起采取有效的封样措施或将试样送至检测单位。

4）送检

检测单位在接受委托检验任务时，须有送检单位填写委托单，见证人应出示"见证员证书"，并在检验委托单上签名。检测单位均须实施密码管理制度。

5）试验报告

检测单位应在检验报告上加盖"见证检验"章。发生试样不合格情况，应在24h内上报质监站，并建立不合格项目台账。

对检验报告的要求为：①应打印；②应采用统一用表；③个人签名要手签；④应盖有统一格式的"见证检验"专用章；⑤要注明检验人姓名。

（2）见证监理人员工作内容和职责

总监理工程师应督促专业监理工程师制定见证取样实施细则，应包括材料进场报验、见证取样送检的范围、工作程序、见证人员和取样人员的职责、取样方法等内容。

总监理工程师还应检查监理人员见证取样工作的实施情况。

见证取样监理人员应根据见证取样实施细则要求，按程序实施见证取样工作，包括：在现场进行见证监督，施工单位取样人员按随机取样方法和试件制作方法进行取样；对试样进行监护、封样加锁；在检验委托单签字，并出示"见证员证书"；协助建立包括见证取样送检计划、台账等在内的见证取样档案等。

三、监理见证取样任务书

1. 小组训练任务

谈谈建设监理见证取样的流程。

2. 背景资料

××工程项目工程概况，及相关图纸、资料。

3. 任务步骤

详见项目1的任务步骤。

4. 任务步骤提示

（1）见证取样的项目有哪些？

参考见证取样有关规定。

（2）监理见证取样需要哪些资格？

了解建设工程监理相关法规汇编相关资料。

（3）监理在见证取样过程中所承担的职责有哪些？

参考《建设工程监理规范》GB/T 50319—2013。

（4）见证取样的一般流程是什么？

1）在进行见证取样的过程中各步骤所需要使用的表格有哪些？

2）见证取样由谁发起，谁见证，谁取样，合格与不合格导致的结果是什么？

（5）见证取样需要哪些人员在场参加？

1）建设单位人员

2）施工单位人员

3）监理单位人员

4）勘察单位人员

参考《建设工程监理规范》GB/T 50319—2013相关内容。

5. 任务要求

同学们在网上或图书馆查阅相关资料，以××工程项目见证取样的内容展开讨论，要求以PPT加Word的形式展示。其余要求同项目1。

四、习题

1. 单选题

(1) 为了确保按施工方案进行施工、避免其他干扰正常施工的因素，应该采取的监理方式为(　　)。

A. 旁站　　　　　　　　　　　　B. 巡视

C. 见证取样　　　　　　　　　　D. 平行检验

(2) 下列属于监理工程师的常规工作方法的是(　　)。

A. 支付控制手段　　　　　　　　B. 监理通知

C. 指令文件　　　　　　　　　　D. 见证取样

(3)《建设工程质量管理条例》规定，监理工程师应当按照监理规范的要求，采取(　　)等形式，对建设工程实施监理。

A. 旁站、巡视和平行检验　　　　B. 检查、验收和工地会议

C. 检查、验收和主动控制　　　　D. 目标控制、合同管理和组织协调

(4) 见证取样不涉及(　　)行为。

A. 施工方　　　　　　　　　　　B. 见证方

C. 试验方　　　　　　　　　　　D. 设计方

(5) (　　)是指项目监理机构对施工单位进行的涉及结构安全的试块、试件及工程材料现场取样、封样、送检工作的监督活动。

A. 旁站　　　　　　　　　　　　B. 巡视

C. 见证取样　　　　　　　　　　D. 平行检验

(6) 监理人员对施工现场进行的定期或不定期的检查活动称为(　　)。

A. 旁站　　　　　　　　　　　　B. 巡视

C. 见证取样　　　　　　　　　　D. 平行检验

(7) 见证取样过程中，见证人不得少于(　　)人。

A. 1　　　　　B. 2　　　　　C. 3　　　　　D. 5

(8) 巡视监理人员认为发现的问题自己无法解决或无法判断是否能够解决时，应立即向(　　)汇报。

A. 总监理工程师　　　　　　　　B. 专业监理工程师

C. 监理单位技术负责人　　　　　D. 建设行政主管部门

(9) 下列对旁站检查过程的描述中，不正确的是(　　)。

A. 工程部位：××层顶板混凝土浇筑施工旁站监理

B. 时间：8：00～21：30

C. 存在问题：混凝土浇筑顺序不合理，易造成对已浇筑混凝土层面已进入初凝状态接槎部分的扰动，形成质量隐患

D. 重大问题处理措施：要求施工方自行采取措施补救

(10) 旁站监理工作由(　　)负责。

A. 总监理工程师　　　　　　　　B. 总监理工程师代表

C. 专业监理工程师　　　　　　　D. 监理员

（11）关于巡视工作内容和职责说法正确的是（　　）。

A. 在监理实施细则中明确巡视要点、巡视频率和措施

B. 观察、检查施工现场存在的各类生产安全事故隐患并及时采取相应措施

C. 观察、检查并解决其他相关问题

D. 观察、检查施工单位的施工准备情况

（12）在工程竣工验收后，工程（　　）应当将旁站记录存档备查。

A. 分包单位　　　　　　　　　　B. 监理单位

C. 承包单位　　　　　　　　　　D. 设计单位

2. 多选题

（1）监理工程师的常规工作方法包括（　　）。

A. 旁站　　　　　　　　　　　　B. 巡视

C. 指令文件　　　　　　　　　　D. 见证取样

E. 平行检验

（2）下列有关建设工程监理的工作方法的说明，正确的是（　　）。

A. 实施工程监理前，建设单位应当将委托的工程监理单位、监理的内容及监理的权限，书面通知被监理的建筑施工企业

B. 工程监理人员认为工程施工不符合设计要求的，有权要求建筑施工企业改正

C. 工程监理人员发现工程设计不符合要求的，有权要求设计单位改正

D. 旁站监理指监理人员在工程施工阶段的监理中，对关键部位、关键工序的施工质量实施全过程现场跟班的监督活动

E. 施工企业根据监理企业制定的旁站监理方案，在需要实施旁站监理的关键部位施工前24小时，应当书面通知监理企业派驻工地的项目监理机构

码8-2　习题参考答案

项目 9　监理规划编制

知识目标

1. 了解监理规划内容、作用；
2. 熟悉监理规划的编制依据、编审程序、编审人员；
3. 掌握监理规划的应用和实施调整。

能力目标

1. 能初步编制监理规划；
2. 实施过程中会调整监理规划；
3. 能按照监理规划指导工作。

重点、难点、关键点

1. 重点：监理规划的内容和编审程序；
2. 难点：监理规划实施过程的调整；
3. 关键点：工程概况特点分析及相应措施。

教学过程

一、任务导入

1. 案例导入

上网搜索施工阶段监理规划案例。

2. 引导思考

如何编制监理规划？

3. 引出

监理规划的编制：

(1) 监理规划的编写依据；

(2) 监理规划的内容；

(3) 监理规划的编写要求；

(4) 质量、造价、进度控制的原理、方法和措施。

二、知识准备

1. 监理规划的编制依据

(1) 工程建设法律法规和标准

1) 国家层面工程建设有关法律、法规及政策。

2) 工程所在地或所属部门颁布的工程建设相关法规、规章及政策。

3) 工程建设标准。

（2）建设工程外部环境调查研究资料

1) 自然条件方面的资料

2) 社会和经济条件方面的资料

（3）政府批准的工程建设文件

1) 政府发展改革部门批准的可行性研究报告、立项批文

2) 政府规划、土地、环保等部门确定的规划条件、土地使用条件、环境保护要求、市政管理规定

（4）建设工程监理合同文件

监理工作范围和内容，监理与相关服务依据，工程监理单位的义务和责任，建设单位的义务和责任等。

（5）建设工程合同

在编写监理规划时，也要考虑建设工程合同（特别是施工合同）中关于建设单位和施工单位义务和责任的内容，以及建设单位对于工程监理单位的授权。

（6）建设单位的合理要求

工程监理单位应竭诚为客户服务，在不超出合同职责范围的前提下，工程监理单位应最大限度地满足建设单位的合理要求。

（7）工程实施过程中输出的有关工程信息

方案设计、初步设计、施工图设计、工程实施状况、工程招标投标情况、重大工程变更、外部环境变化等。

2. 监理规划编写要求

（1）监理规划的基本构成内容应当力求统一。

（2）监理规划的内容应具有针对性、指导性和可操作性。

（3）监理规划应由总监理工程师组织编制。

（4）监理规划应掌握工程项目从开工到竣工的整个过程。

（5）监理规划应有利于工程监理合同的履行。

（6）监理规划的表达方式应当标准化、格式化。

（7）监理规划的编制应充分考虑时效性。

（8）监理规划经审核批准后方可实施。

3. 监理规划主要内容

（1）监理规划的内容

工程概况；监理工作的范围、内容、目标；监理工作依据；监理组织形式、人员配备及进退场计划、监理人员岗位职责；监理工作制度；工程质量控制；工程造价控制；工程进度控制；安全生产管理的监理工作；合同与信息管理；组织协调；监理工作设施。

（2）工程质量控制主要任务

1) 审查施工单位现场的质量保证体系，包括质量管理组织机构、管理制度及专职管理人员和特种作业人员的资格。

2）审查施工组织设计、（专项）施工方案。

3）审查工程使用的新材料、新工艺、新技术、新设备的质量认证材料和相关验收标准的适用性。

4）检查、复核施工控制测量成果及保护措施。

5）审核分包单位资格，检查施工单位为本工程提供服务的试验室。

6）审查施工单位用于工程的材料、构配件、设备的质量证明文件，并按要求对用于工程的材料进行见证取样、平行检验，对施工质量进行平行检验。

7）审查影响工程质量的计量设备的检查和检定报告。

8）采用旁站、巡视检查、平行检验等方式对施工过程进行检查监督。

9）对隐蔽工程、检验批、分项工程和分部工程进行验收。

10）对质量缺陷、质量问题、质量事故及时进行处置和检查验收。

11）对单位工程进行竣工验收，并组织工程竣工预验收。

12）参加工程竣工验收，签署建设工程监理意见。

（3）工程质量控制的具体措施

1）组织措施：建立健全项目监理机构，完善职责分工，制定有关质量监督制度，落实质量控制责任。

2）技术措施：协助完善质量保证体系；严格事前、事中和事后的质量检查监督。

3）经济措施及合同措施：严格质量检查和验收，不符合合同规定质量要求的，拒付工程款；达到建设单位特定质量目标要求的，按合同支付工程质量补偿金或奖金。

（4）工程造价控制工作内容

1）熟悉施工合同及约定的计价规则，复核、审查施工图预算；

2）定期进行工程计量，复核工程进度款申请，签署进度款付款签证；

3）建立月完成工程量统计表，对实际完成量与计划完成量进行比较分析，发现偏差的，应提出调整建议，并报告建设单位；

4）按程序进行竣工结算款审核，签署竣工结算款支付证书。

（5）工程造价控制的具体措施

1）组织措施：建立健全项目监理机构，完善职责分工及有关制度，落实工程造价控制责任。

2）技术措施：对材料、设备采购，通过质量价格比选，合理确定生产供应单位；通过审核施工组织设计和施工方案，使施工组织合理化。

3）经济措施：及时进行计划费用与实际费用的分析比较；对原设计或施工方案提出合理化建议并被采用，由此产生的投资节约按合同规定予以奖励。

4）合同措施：按合同条款支付工程款，防止过早、过量支付；减少施工单位的索赔，正确处理索赔事宜等。

（6）工程进度控制工作内容

1）审查施工总进度计划和阶段性施工进度计划。

2）检查、督促施工进度计划的实施。

3）进行进度目标实现的风险分析，制定进度控制的方法和措施。

4）预测实际进度对工程总工期的影响，分析工期延误原因，制定对策和措施，并报告工程实际进展情况。

（7）工程进度控制的具体措施

1）组织措施：落实进度控制的责任，建立进度控制协调制度。

2）技术措施：建立多级网络计划体系，监控施工单位的实施作业计划。

3）经济措施：对工期提前者实行奖励；对应急工程实行较高的计件单价；确保资金及时供应等。

4）合同措施：按合同要求及时协调有关各方的进度，以确保建设工程的形象进度。

（8）专项施工方案的编制、审查和实施的监理要求

1）专项施工方案编制要求。实行施工总承包的，专项施工方案应当由总承包施工单位组织编制，其中，起重机械安装拆卸工程、深基坑工程、附着式升降脚手架等专业工程实行分包的，其专项施工方案可由专业分包单位组织编制。实行施工总承包的，专项施工方案应当由施工总承包单位技术负责人及相关专业分包单位技术负责人签字。

对于超过一定规模的危险性较大的分部分项工程专项方案应当由施工单位组织召开专家论证会。

2）专项施工方案监理审查要求：对编制的程序进行符合性审查；对实质性内容进行符合性审查。

（9）组织协调方法

1）会议协调：监理例会、专题会议等方式。

2）交谈协调：面谈、电话、网络等方式。

3）书面协调：通知书、联系单、月报等方式。

4）访问协调：走访或约见等方式。

4. 监理规划的审核内容

（1）监理范围、工作内容及监理目标的审核。

（2）项目监理机构的审核。

（3）计划的审核。

（4）工程质量、造价、进度控制方法的审核。

（5）对安全生产管理监理工作内容的审核。

（6）监理工作制度的审核。

三、编制监理规划任务书

1. 小组训练任务

针对××工程项目编制监理规划。

2. 背景资料

××工程项目工程概况，相关图纸、资料。

3. 任务步骤

详见项目 1 的任务步骤。

4. 任务步骤提示

（1）监理规划应在什么时候开始编制？

（2）监理规划由谁组织编制，谁参加编制？

（3）监理规划的编制依据有哪些？

（4）监理规划的主要内容有哪些？

1）工程概况

2）监理工作范围、内容、目标

3）监理工作依据

4）监理组织形式、人员配备及进退场计划、监理人员岗位职责

5）监理工作制度

6）工程质量控制

7）工程造价控制

8）工程进度控制

9）安全生产管理的监理工作

10）合同与信息管理

11）组织协调

12）监理工作设施

（5）监理规划编制完成后由谁审核批准？

5. 任务要求

同学们在网上或图书馆查阅相关资料，编制××工程项目监理规划，要求以 PPT 加 Word 的形式展示。其余要求同项目 1。

四、习题

1. 单选题

（1）（　　）是项目监理机构全面开展工程监理工作的指导性文件。

A. 监理规划　　　　　　　　　　B. 监理大纲

C. 监理实施细则　　　　　　　　D. 监理工作总结

（2）监理规划编写依据不包括（　　）。

A. 政府批准的工程建设文件　　　B. 工程决策过程中输出的有关工程信息

C. 建设单位的合理要求　　　　　D. 建设工程监理合同文件

（3）下列属于项目监理机构内部工作制度的是（　　）。

A. 监理工作日志制度　　　　　　B. 工程材料、半成品质量检验制度

C. 施工报告制度　　　　　　　　D. 施工备忘录签发制度

（4）工程造价动态比较的内容包括（　　）。

A. 工程造价目标分解值与造价实际值的比较

B. 工程合同价与工程预算值

C. 工程造价实际值的预测分析

D. 工程预算值与概算值

（5）工程进度动态比较的内容包括（　　）。

A. 工程进度目标值的预测分析　　B. 工程预算值与概算值

C. 工程合同价与工程预算值　　　D. 工程进度目标分解值与进度计划比较

（6）重新审批监理规划的负责人是（　　）。

A. 总监理工程师　　　　　　　　　　B. 总监理工程师代表

C. 监理单位技术负责人　　　　　　　　D. 建设行政主管部门

（7）对建设工程监理规划进行审批时，监理工作制度主要审核的内容有（　　）。

A. 监理机构内、外工作制度是否健全、有效

B. 监理组织工作会议制度

C. 监理机构的内部工作制度

D. 监理报告制度

（8）项目监理大纲、监理规划、监理细则是相互关联的。它们在制定的时间上具有先后顺序。下列顺序中，正确的是（　　）。

A. 监理规划→监理大纲→监理细则　　　B. 监理大纲→监理规划→监理细则

C. 监理大纲→监理细则→监理规划　　　D. 监理细则→监理大纲→监理规划

（9）监理规划中，工程实施过程中输出的有关工程信息不包括（　　）。

A. 方案设计　　　　　　　　　　　　　B. 施工图设计

C. 专项施工方案　　　　　　　　　　　D. 工程招标投标情况

（10）下列不属于项目监理机构现场监理工作制度的有（　　）。

A. 施工人员考勤制度

B. 工程开工、复工审批制度

C. 监理工作报告制度

D. 平行检验、见证取样、巡视检查和旁站制度

2. 多选题

（1）监理规划编写要求包括（　　）。

A. 基本构成内容应当力求统一

B. 经审核批准后方可实施

C. 应由总监理工程师或总监理工程师代表组织编制

D. 编制应充分考虑时效性

E. 应把握工程项目运行脉搏

（2）项目监理规划中应包括的安全监理内容有（　　）。

A. 安全监理的范围和内容　　　　　　　B. 安全监理的工作程序

C. 安全监理的制度措施　　　　　　　　D. 施工安全技术措施

E. 安全监理人员配备计划和职责

（3）下列属于项目监理机构现场监控工作制度的有（　　）。

A. 施工组织设计审核制度

B. 图纸会审及设计交底制度

C. 监理人员考勤、业绩考核及奖励制度

D. 单位工程验收、单项工程验收制度

E. 质量安全事故报告和处理制度

（4）监理规划审核内容中，对安全生产管理监理工作内容的审核包括（　　）。

A. 在工程进展中各个阶段的工作实施计划是否合理、可行

B. 审核安全生产管理的监理工作内容是否明确

C. 是否建立了对现场安全隐患的巡视检查制度

D. 是否制定了相应的安全生产监理实施细则

E. 是否建立了对施工组织设计、专项施工方案的审查制度

（5）建设工程监理规划编写的依据包括（　　　）。

A. 工程建设法律法规

B. 监理实施细则

C. 建设工程监理合同

D. 政府发展改革部门批准的可行性研究报告

E. 建设单位的合理要求

（6）下列属于项目监理机构内部工作制度的是（　　　）。

A. 安全生产监督检查制度　　　　　B. 监理工作日志制度

C. 监理周报、月报制度　　　　　　D. 施工组织设计审核制度

E. 监理人员教育培训制度

（7）建设工程监理规划编写完成后，对其审核的内容包括（　　　）。

A. 工作计划　　　　　　　　　　　B. 监理工作制度

C. 监理范围　　　　　　　　　　　D. 监理单位的资质

E. 编写人员资格

（8）对项目监理机构的人员配备方案应从（　　　）等方面进行审查。

A. 派驻监理人员的实际水平

B. 派驻监理人员的专业满足程度

C. 人员数量的满足程度

D. 派驻现场人员计划表

E. 专业人员不足时采取的措施是否恰当

（9）下列属于项目监理机构现场监理工作制度的是（　　　）。

A. 安全生产监督检查制度　　　　　B. 监理工作日志制度

C. 监理周报、月报制度　　　　　　D. 施工组织设计审核制度

E. 监理人员教育培训制度

（10）下列有关建设工程监理规划编写要求的表述正确的是（　　　）。

A. 监理规划的表达方式应当格式化、标准化

B. 监理规划的编制不必考虑建设单位的意见

C. 监理规划可能随着工程进展进行不断补充、修改和完善

D. 监理规划应当在收到中标通知书后由监理单位技术负责人组织编制

E. 监理规划基本构成内容应当力求统一，这是监理工作规范化、制度化、科学化的
要求

码9-1　习题参考答案

项目 10 监理细则编制

知识目标

1. 了解哪些分部、分项或专业工程需编制监理细则；
2. 熟悉监理细则的编制内容；
3. 掌握监理细则的实际应用。

能力目标

1. 能编制监理实施细则；
2. 会按照监理实施细则进行监理；
3. 能在实施过程中调查监理细则。

重点、难点、关键点

1. 重点：监理细则的内容和编审程序；
2. 难点：监理细则实施过程的应用和调整；
3. 关键点：有针对性地编制监理细则。

教学过程

一、任务导入

1. 案例导入

扫描码 10-1 导入案例，包含监理细则的内容。

2. 引导思考

监理实施细则编写。

3. 引出

监理细则编制：

（1）监理细则的作用

（2）监理细则的编制内容、编制依据

（3）监理细则的编审程序

码10-1 项目10案例

二、知识准备

1. 监理实施细则又简称监理细则，其与监理规划的关系可以比作施工图设计与初步设计的关系。也就是说，监理实施细则是在监理规划的基础上，由项目监理机构的专业监理工程师针对建设工程中某一专业或某一方面监理工作编写，并经总监理工程师批准实施

的操作性文件。

2. 监理细则的编制内容、编制依据

（1）监理细则的编制内容

1）专业工程特点

2）监理工作流程

3）监理工作要点

4）监理工作方法及措施

（2）监理实施细则编写依据

《建设工程监理规范》GB/T 50319—2013 规定了监理实施细则编写的依据：

1）已批准的建设工程监理规划；

2）与专业工程相关的标准、设计文件和技术资料；

3）施工组织设计、（专项）施工方案。

除了《建设工程监理规范》GB/T 50319—2013 中的相关规定外，监理实施细则在编制过程中，还可以融入工程监理单位的规章制度和经认证发布的质量体系，以达到监理内容的全面、完整，有效提高建设工程监理的工作质量。

3. 编制监理实施细则的工程范围

（1）采用新材料、新工艺、新技术、新设备的工程；

（2）专业性较强、危险性较大的分部分项工程。

4. 监理实施细则可随工程进展编制，但应在相应工程开始前由专业监理工程师编制完成，并经总监理工程师审批后实施。可根据建设工程实际情况及项目监理机构工作需要增加其他内容。当工程发生变化导致监理实施细则所确定的工作流程、方法和措施需要调整时，专业监理工程师应对监理实施细则进行补充、修改。

5. 监理实施细则应满足的要求

（1）内容全面；

（2）针对性强；

（3）可操作性。

6. 监理工作涉及的流程包括：开工审核工作流程、施工质量控制流程、进度控制流程、造价（工程量计量）控制流程、安全生产和文明施工监理流程、测量监理流程、施工组织设计审核工作流程、分包单位资格审核流程、建筑材料审核流程、技术审核流程、工程质量问题处理审核流程、旁站检查工作流程、隐蔽工程验收流程、工程变更处理流程、信息资料管理流程等。监理细则的编审程序见表 10-1。

监理细则的编审程序　　　　　　　　　　　　　　　　　　　表 10-1

序号	节点	工作内容	负责人
1	相应工程施工前	编制监理实施细则	专业监理工程师编制
2	相应工程施工前	监理实施细则审批、批准	专业监理工程师送审，总监理工程师批准
3	工程施工过程中	若发生变化，监理实施细则中工作流程与方法措施调整	专业监理工程师调整，总监理工程师批准

三、拓展知识

1. 监理大纲

监理单位应当根据各个阶段分别制定监理大纲、监理规划和监理实施细则。监理单位应当编写监理大纲参加监理招标投标。签订监理合同后，项目监理部应根据监理合同的内容，由项目总监理工程师主持编写监理规划，并经单位技术负责人批准。在召开第一次工地会议前，将监理规划和监理工程师名单书面提交建设单位认可，监理规划是监理活动的纲领性文件。项目监理部在实施监理前，在总监理工程师主持下，由各专业监理工程师负责编写监理实施细则，作为监理人员监理的主要依据和标准。

监理大纲应包括（但不限于）下列内容：监理工程概况；监理范围、监理内容；监理依据、监理工作目标；监理机构设置（框图）、岗位职责；监理工作程序、方法和制度；拟投入的监理人员、试验检测仪器设备；质量、进度、造价、安全、环保监理措施；合同、信息管理方案；组织协调内容及措施；监理工作重点、难点分析；对本工程监理的合理化建议。

监理大纲一般由监理单位经营部门和工程技术部门拟派的总监理工程师共同编写。

2. 监理大纲、监理规划、监理实施细则之间的关系和区别

监理大纲又称监理方案，它是监理单位在业主委托监理的过程中为承揽监理业务而编写的监理方案性文件。它的主要作用，一是使业主认可大纲中的监理方案，从而承揽到监理业务；二是为今后开展监理工作制定方案。监理大纲通常包括的内容有：监理单位拟派往项目上的主要监理人员，并对他们的资质情况进行介绍；监理单位应根据业主所提供的和自己初步掌握的工程信息制定监理方案（监理组织方案、各目标控制方案、合同管理方案、组织协调方案等）；明确说明将定期提供给业主的反映监理阶段性成果的文件等。监理大纲是编写监理规划的直接依据。

监理规划是监理单位接受业主委托并签订工程建设监理合同之后，由项目总监理工程师主持，根据监理合同，在监理大纲的基础上，结合项目的具体情况，在广泛收集工程信息的情况下制定的指导整个项目监理组织开展监理工作的技术组织文件。

显然，监理规划是在监理大纲之后制定。编写监理大纲的单位并不一定有继续编写监理规划的机会。虽然，从内容范围上讲，监理大纲与监理规划都是围绕着整个项目监理组织所开展的监理工作来编写的，但监理规划的内容要比监理大纲详细、全面。监理规划编写的主持人是项目总监理工程师，而制定监理大纲的人员确切地说应当是监理单位指定人员或单位的技术管理部门，虽然未来的项目总监理工程师有可能参加，甚至主持这项工作。

监理细则在编写时间上总是滞后于项目监理规划，编写主持人一般是项目监理组织的某个部门的负责人，其内容具有局部性，是围绕着自己部门的主要工作来编写的，它的作用是指导具体监理业务的开展。

监理大纲、监理规划、监理细则是相互关联的，它们都是构成监理规划系列性文件的组成部分，它们之间存在着明显的依据性关系，在编写监理规划时一定要严格根据监理大纲的有关内容来编写；监理细则一定要按监理规划的要求编写。

通常，监理单位开展监理活动应当编制以上系列性监理规划文件，但这也不是一成不

变的，就像工程设计一样。对于简单的监理活动只编写监理细则就可以了，而有些项目也可以制定较详细的监理规划，而不再编写监理细则。监理大纲、监理规划、监理实施细则三者之间的关系如表 10-2 所示。

监理大纲、监理规划、监理实施细则三者之间的关系　　　　表 10-2

	监理大纲	监理规划	监理实施细则
编制阶段	投标阶段	合同签订后	各专业监理工作实施前
编制人	单位总工程师或技术负责人	项目总监理工程师	各专业监理工程师
审核人	单位负责人	单位技术负责人	总监理工程师
作用	投标竞争	开展监理指导性文件	具体指导实施各项监理专业作业
内容	根据项目特点、规模采用通用大纲	内容、深度比监理大纲更具体、详细。类似设计阶段的初步设计	细致编制各专业或某一方面可操作性实施性文件

四、编制钢筋工程监理实施细则任务书

1. 小组训练任务

针对××工程项目编制钢筋工程监理实施细则。

2. 背景资料

××工程项目工程概况，及相关图纸、资料。

3. 任务步骤

详见项目 1 的任务步骤。

4. 任务步骤提示

（1）工程监理实施细则的作用有哪些？

1）对建设单位的作用

2）对施工单位的作用

3）对监理单位的作用

（2）工程监理实施细则的编制依据是什么？

（3）编制工程监理实施细则的一般流程？

（4）工程监理实施细则的主要内容是什么？

1）工程概况

2）监理依据

3）监理工作范围及工作目标

4）监理工作内容

5）监理工作流程

6）监理工作的控制要点及目标

7）监理工作的方法及措施

8）安全质量隐患及事故的处理程序

9）监理工作制度

10）监理资料

5. 任务要求

同学们可在网上或图书馆查阅相关资料，编制××工程项目工程监理实施细则（不同小组可以选择编制不同分部分项监理实施细则），要求以 PPT 加 Word 的形式展示。其余要求同项目 1。

五、习题

1. 单选题

（1）监理实施细则的编制由（   ）负责。

A. 监理员　　　　　　　　　　　　B. 专业监理工程师

C. 总监理工程师　　　　　　　　　D. 总监理工程师代表

（2）在监理实施细则中，（   ）不属于项目监理人员配备方面的审核。

A. 人员配备的专业满足程度

B. 专业人员不足时采取的措施是否恰当

C. 组织方式、管理模式是否合理

D. 是否有操作性较强的现场人员计划安排表

（3）工程施工过程中若发生变化，监理实施细则中工作流程与方法措施调整应由（   ）批准。

A. 专业监理工程师　　　　　　　　B. 总监理工程师

C. 总监理工程师代表　　　　　　　D. 监理单位技术负责人

（4）监理实施细则中，监理工作涉及的流程不包括（   ）。

A. 进度控制流程　　　　　　　　　B. 造价控制流程

C. 监理大纲编制流程　　　　　　　D. 分包单位资格审核流程

（5）根据钻孔灌注桩工艺和施工特点，对项目监理机构人员进行合理分工是（   ）。

A. 技术措施　　　　　　　　　　　B. 经济措施

C. 组织措施　　　　　　　　　　　D. 合同措施

2. 多选题

（1）同时满足（   ）可以不必编制监理实施细则。

A. 采用新材料、新工艺、新技术、新设备的工程

B. 专业性较强的分部分项工程

C. 危险性较大的分部分项工程

D. 工程规模较小、技术较为简单

E. 有成熟的监理经验和施工技术措施落实

（2）《建设工程监理规范》GB/T 50319—2013 规定，监理实施细则编写依据包括（   ）。

A. 已批准的建设工程监理规划

B. 施工组织设计

C. 与专业工程相关的标准、设计文件和技术资料

D. 监理大纲

E. （专项）施工方案

（3）监理实施细则中，专业工程特点应从专业工程施工的（　　）进行有针对性地阐述。

A. 重点和难点

B. 施工工艺

C. 施工工序

D. 工程概况

E. 施工范围和施工顺序

（4）监理实施细则中，监理工作涉及的流程包括（　　）。

A. 开工审核工作流程

B. 施工质量控制流程

C. 监理规划编制流程

D. 工程质量问题处理审核流程

E. 隐蔽工程验收流程

（5）监理实施细则的审核内容中，属于编制依据内容的审核有（　　）。

A. 监理实施细则的编制是否符合监理规划要求

B. 是否符合专业工程相关的标准

C. 是否符合设计文件的要求

D. 监理工作流程是否完整、详实

E. 是否与施工组织设计、（专项）施工方案适用的规范、标准、技术要求一致

（6）下列有关建设工程监理工作文件的表述正确的是（　　）。

A. 监理规划由监理单位技术负责人主持编写

B. 监理实施细则应满足"内容全面、针对性强、可操作性"的要求

C. 监理实施细则由专业监理工程师编写，经总监理工程师批准后实施

D. 所有的工程项目均需要编制监理实施细则

E. 监理实施细则应该包括的主要内容是监理工作流程

码10-2　习题参考答案

项目 11 工程监理常用文件编写

知识目标

1. 了解监理工作常用文件；
2. 熟悉监理工作记录的方法；
3. 掌握监理日志、监理报告、会议纪要记录格式。

能力目标

1. 能对项目监理资料进行收集、编写和归档整理；
2. 会填写监理的各种报表；
3. 能观察并记录实际情况；
4. 能对月报、评估报告中的数据、事实情况进行收集、取证；
5. 能编制月报、评估报告的初稿；
6. 能整理会议纪要初稿。

重点、难点、关键点

1. 重点：监理常用文件的填写要求；
2. 难点：监理常用文件的常见问题；
3. 关键点：监理常用文件的重要性。

教学过程

一、任务导入

1. 案例导入

扫描码 11-1 导入案例，包含监理日志的内容：

小雨天混凝土浇捣采取遮盖措施；

现场制作混凝土试块；

施工过程有钢筋踩踏现象。

2. 引导思考

工程监理常用文件编写。

3. 引出

监理日志：

（1）监理日志的基本内容

（2）监理报告的基本内容

码11-1 项目11案例

（3）监理会议纪要的基本内容

二、知识准备

1. 建设工程监理主要文件资料

（1）勘察设计文件、建设工程监理合同及其他合同文件；

（2）监理规划、监理实施细则；

（3）设计交底和图纸会审会议纪要；

（4）施工组织设计、（专项）施工方案、施工进度计划报审文件资料；

（5）分包单位资格报审文件资料；

（6）施工控制测量成果报验文件资料；

（7）总监理工程师任命书，工程开工令、暂停令、复工令，开工或复工报审文件资料；

（8）工程材料、构配件、设备报验文件资料；

（9）见证取样和平行检验文件资料；

（10）工程质量检查报验资料及工程有关验收资料；

（11）工程变更、费用索赔及工程延期文件资料；

（12）工程计量、工程款支付文件资料；

（13）监理通知单、工作联系单与监理报告；

（14）第一次工地会议、监理例会、专题会议等会议纪要；

（15）监理月报、监理日志、旁站记录；

（16）工程质量或生产安全事故处理文件资料；

（17）工程质量评估报告及竣工验收监理文件资料；

（18）监理工作总结。

2. 监理日志

（1）监理日志的概念

监理日志是监理公司、监理工程师工作内容、效果的重要外在表现。管理部门可以通过监理日志的记录内容了解监理公司的日常管理活动。

（2）监理日志的重要性

1）工程建设监理是建设项目管理主体的重要部分；

2）监理日志是监理活动全面而又连续最真实的记录；

3）监理日志是监理人员对施工活动最全面的监控记录；

4）监理日志是反映监理工作水平、工作成效的窗口；

5）监理日志是监理单位对工程建设进行监理的重要原始资料。

（3）监理日志的内容

1）日期、天气；

2）单位工程、分部工程开工、完工时间及施工情况；

3）承包商的组织机构、人员动态；

4）承包商主要材料、设备进场及使用情况；

5）监理单位对不同问题的处理；

6）分项、分部、单位工程的验收情况；

7）记录工程中存在的影响工程质量、进度、造价、安全的各类问题及解决情况，合同、文明施工管理情况，监理会议、考察、抽检等活动情况；

8）审阅记录；

9）关键时间和位置的记录。

3. 会议纪要

（1）第一次工地会议的会议纪要的要求

1）第一次工地会议由建设单位主持，并应在项目开工前尽快举行，承包商和监理机构相关人员参加；

2）会议纪要由监理机构负责起草并经与会各方代表会签；

3）会议主要内容；

4）参加人员；

5）第一次工地例会，总监理工程师负责进行监理交底。

（2）监理例会的主要内容

监理例会是履约各方沟通、交流、研究解决合同履行中存在的各方面问题的主要协调方式。

监理例会会议纪要由项目监理机构根据会议记录整理，主要内容包括：

1）会议地点及时间；

2）会议主持人；

3）与会人员姓名、单位、职务；

4）会议主要内容、决议事项及其负责落实单位、负责人和时限要求；

5）其他事项。

对于监理例会上意见不一致的问题，应将各方的主要观点，特别是相互对立的意见记入"其他事项"中。会议纪要的内容应真实准确，简明扼要，经总监理工程师审阅，与会各方代表会签，发至有关各方并应有签收手续。

（3）监理例会的会议纪要常见问题

1）内容不全；

2）真实性不够；

3）格式不规范；

4）编写不及时。

码11-2 监理例会
会议纪要常见问题

（4）专题会议纪要的内容

对涉及工程设计文件修改的工程变更，应由建设单位转交原设计单位修改设计文件。必要时，项目监理机构应建议建设单位组织设计、施工等单位召开论证工程设计文件的修改方案的专题会议。

1）例会议程；

2）监理机构全体员工针对前阶段工作存在的问题及整改情况进行回顾；

3）分析总结监理机构的阶段工作；

4）会议纪要的注意事项。

（5）会议纪要的特点

会议纪要具体有两大特点：一是纪实性，二是提要性。

1）会议纪要格式。会议纪要通常由标题、正文、主送、抄送单位构成；

2）会议纪要正文要包括会议纪要概况、会议精神和议定事项；

3）要做好会议记录；

4）要突出会议要点；

5）会议纪要与会议记录的差异；

6）要善于整理会议意见。

4. 监理月报

监理月报是项目监理机构每月向建设单位和监理单位提交的建设工程监理工作及建设工程实施情况等分析总结报告。

监理月报由总监理工程师组织编写、签认后报送建设单位和监理单位。

（1）监理月报编制的作用

1）对项目监理部的作用

2）对施工单位的作用

3）对项目业主的作用

（2）监理月报的编制要求

1）本月工程概况

2）工程进度

3）工程质量

4）工程资料控制情况以及监理资料编制情况

5）安全、文明施工

6）材料、设备及构配件进场数量及抽查质量情况

7）其他事项情况（如对上月存在典型安全、质量问题的处理落实情况等）

8）本月监理工作小结

9）下月监理工作的重点

（3）监理月报编制存在的普遍问题

1）工程叙述凌乱，不系统

2）工程进度、形象进度不能一一对应，不能有效反映工程进度实际情况

3）工程质量问题

4）工程安全、工程资料没有真实反映出工程实际情况

5. 工程质量评估报告

工程竣工预验收合格后，由总监理工程师组织专业监理工程师编制工程质量评估报告，编制完成后，由项目总监理工程师及监理单位技术负责人审核签认并加盖监理单位公章后报建设单位。工程质量评估报告应在正式竣工验收前提交建设单位。

码11-3　主体结构验收报告

工程质量评估报告的主要内容包括：

（1）工程概况；

（2）工程参建单位；

（3）工程质量验收情况；

（4）工程质量事故及其处理情况；

（5）竣工资料审查情况；

（6）工程质量评估结论。

6. 监理工作总结

当监理工作结束时，项目监理机构应向建设单位和工程监理单位提交监理工作总结。监理工作总结由总监理工程师组织项目监理机构监理人员编写，由总监理工程师审核签字，并加盖工程监理单位公章后报建设单位。

监理工作总结应包括：

（1）工程概况；

（2）项目监理机构；

（3）建设工程监理合同履行情况；

（4）监理工作成效；

（5）监理工作中发现的问题及其处理情况；

（6）说明与建议。

7. 建设工程监理文件资料管理要求

建设工程监理文件资料的管理要求体现在建设工程监理文件资料管理全过程，包括：监理文件资料收发文与登记、传阅与登记、分类存放、组卷归档、验收与移交等。

（1）管理职责

根据《建设工程监理规范》GB/T 50319—2013，项目监理机构文件资料管理的基本职责如下：

1）应建立和完善监理文件资料管理制度，宜设专人管理监理文件资料。

2）应及时、准确、完整地收集、整理、编制、传递监理文件资料，宜采用信息技术进行监理文件资料管理。

3）应及时整理、分类汇总监理文件资料，并按规定组卷，形成监理档案。

4）应根据工程特点和有关规定，保存监理档案，并应向有关单位、部门移交需要存档的监理文件资料。

（2）建设工程监理文件资料收文与登记

项目监理机构所有收文应在收文登记表上按监理信息分类分别进行登记，应记录文件名称、文件摘要信息、文件发放单位（部门）、文件编号以及收文日期，必要时应注明接收文件的具体时间，最后由项目监理机构负责收文的人员签字。

在监理文件资料有追溯性要求的情况下，应注意核查所填内容是否可追溯。

不得以盖章和打印代替手写签认。

对于工程照片及声像资料等，应注明拍摄日期及所反映的工程部位等摘要信息。收文登记后应交给项目总监理工程师或由其授权的监理工程师进行处理，重要文件内容应记录在监理日志中。

（3）建设工程监理文件资料传阅与登记

建设工程监理文件资料需要由总监理工程师或其授权的监理工程师确定是否需要传阅。

每一位传阅人员阅后应在文件传阅纸上签名，并注明日期。传阅完毕后，文件资料原件应交还信息管理人员存档。

（4）建设工程监理文件资料发文与登记

建设工程监理文件资料发文应由总监理工程师或其授权的监理工程师签名，并加盖项目监理机构图章。若为紧急处理的文件，应在文件资料首页标注"急件"字样。

所有建设工程监理文件资料应要求进行分类编码，并在发文登记表上进行登记。

（5）建设工程监理文件资料分类存放

建设工程监理文件资料原则上可按施工单位、专业施工部位、单位工程等进行分类，以保证建设工程监理文件资料检索和归档工作顺利进行。

（6）建设工程监理文件资料编制要求

1）归档的文件资料一般应为原件；

2）文件资料的内容及其深度须符合国家有关技术规范、标准的要求；

3）文件资料的内容必须真实、准确，与工程实际相符；

4）文件资料应采用耐久性强的书写材料，如碳素墨水、蓝黑墨水，不得使用易褪色的书写材料，如红色墨水、纯蓝墨水、圆珠笔、复写纸、铅笔等；

5）文件资料应字迹清楚，图样清晰，图表整洁，签字盖章手续完备；

6）文件资料中文字材料幅面尺寸规格宜为 A4 幅面（297mm×210mm）。纸张应采用能够长时间保存的韧力大、耐久性强的纸张；

7）文件资料的缩微制品，必须按国家缩微标准进行制作，主要技术指标要符合国家标准，保证质量，以适应长期安全保管；

8）文件资料中的照片及声像档案，要求图像清晰，声音清楚，文字说明或内容准确；

9）文件资料应采用打印形式并使用档案规定用笔，手工签字，在不能使用原件时，应在复印件或抄件上加盖公章并注明原件保存处。

（7）建设工程监理文件资料组卷方法及要求

1）组卷原则及方法

① 组卷应遵循监理文件资料的自然形成规律，保持卷内文件的有机联系，便于档案的保管和利用；

② 当一个建设工程由多个单位工程组成时，应按单位工程组卷；

③ 监理文件资料可按单位工程、分部工程、专业、阶段等组卷。

2）组卷要求

① 案卷不宜过厚，文字材料卷厚度不宜超过 20mm，图纸卷厚度不宜超过 50mm；电子文件立卷时，应与纸质文件在案卷设置上一致，并应建立相应的标识关系；

② 案卷内不应有重复文件，印刷成册的工程文件宜保持原状。

3）卷内文件排列

① 文字材料按事项、专业顺序排列。同一事项的请示与批复、同一文件的印本与定稿、主件与附件不能分开，并按批复在前、请示在后，印本在前、定稿在后，主件在前、附件在后的顺序排列；

② 图纸按专业排列，同专业图纸按图号顺序排列；

③ 既有文字材料又有图纸的案卷，文字材料排前，图纸排后。

（8）保管期限

工程档案保管期限分为永久保管、长期保管和短期保管。

永久保管是指工程档案无限期地、尽可能长远地保存下去。

长期保管是指工程档案保存到该工程被彻底拆除。

短期保管是指工程档案保存 10 年以下。

（9）移交

1）列入城建档案管理部门接收范围的工程，建设单位在工程竣工验收后 3 个月内必须向城建档案管理部门移交一套符合规定的工程档案（监理文件资料）；

2）停建、缓建工程的监理文件资料暂由建设单位保管；

3）对改建、扩建和维修工程，建设单位应组织工程监理单位据实修改、补充和完善监理文件资料，对改变的部位，应当重新编写，并在工程竣工验收后 3 个月内向城建档案管理部门移交。

三、编制监理常用文件任务书

1. 小组训练任务

针对××工程项目编制监理常用文件。

2. 背景资料

××工程项目工程概况，及相关图纸、资料。

3. 任务步骤

详见项目 1 的任务步骤。

4. 任务步骤提示

（1）项目监理部编写和审核的主要文件

1）编写的监理文件

2）填写的主要监理文件和报告

3）审核施工单位的主要文件

4）审核设计单位的主要文件

5）审核调试单位的主要文件

6）监理文件主要包括的内容

7）监理规划

8）监理实施细则

9）监理工作联系单和整改通知单

10）监理日志

11）见证取样统计表

12）旁站记录

13）分项工程监理验收记录

（2）施工单位申报资料等的审查内容

1）对施工组织设计的审查

2）对施工单位质量保证体系的核查

3）对（专业）施工组织设计的审查

（3）审核设计单位的主要文件

设计修改报审表

（4）审核调试单位的文件

1）调试大纲

2）调试措施

3）调试质量报验表的审查

5. 任务要求

同学们在网上或图书馆查阅相关资料，总结概括××工程项目监理常用文件内容，要求以 PPT 加 Word 的形式展示。其余要求同项目 1。

四、习题

1. 单选题

（1）下列关于监理日志的说法错误的是（　　）。

A. 监理日志是监理工程师实施监理活动的原始记录

B. 监理日志是执行监理委托合同、编制监理竣工文件和处理索赔、延期、变更的重要资料

C. 监理日志是分析工程质量问题的重要的，最原始、最可靠的材料

D. 监理日志不是工程监理档案的组成部分

（2）（　　）可根据工程需要，主持或参加专题会议，解决监理工作范围内工程专项问题。

A. 项目监理机构　　　　　　　　B. 设计单位

C. 建设单位　　　　　　　　　　D. 施工单位

（3）施工单位未经批准擅自施工或者拒绝项目监理机构管理时，总监理工程师应及时签发（　　）。

A. 工程暂停令　　　　　　　　　B. 工作联系单

C. 监理通知　　　　　　　　　　D. 监理报告

（4）因建设单位原因导致施工合同解除时，项目监理机构应按施工合同约定与建设单位和施工单位协商确定施工单位应得款项，并签发（　　）。

A. 费用索赔报审表　　　　　　　B. 工程暂停令

C. 工程款支付证书　　　　　　　D. 工程临时或最终延期报审表

（5）书写好监理日志后要及时交（　　）审查，以便及时沟通和了解，从而促进监理工作正常有序开展。

A. 监理工程师　　　　　　　　　B. 项目经理

C. 总监理工程师　　　　　　　　D. 专业监理工程师

（6）下列属于建设工程监理操作性文件的是（　　）。

A. 监理大纲　　　　　　　　　　B. 监理规划

C.（专项）施工方案　　　　　　D. 监理实施细则

（7）《工程支付证书》需要由（　　）签字，并加盖执业印章。

A. 总监理工程师　　　　　　　　B. 法定代表人

C. 技术负责人　　　　　　　　　D. 专业监理工程师

（8）以下关于编写监理周报需要注意的事项错误的是（　　）。

A. "工程名称"应该与《施工合同》或者《监理委托合同》中的工程名称一致

B. 监理周报要编号

C. 内容方面，应该详略结合。尽量把小事故扩大化，引起建设单位的重视

D. 酌情处理是否附材料、设备验收和中间过程验收情况照片

（9）对安全监理月报的说法，错误的是（　　）。

A. 安全监理月报是将项目监理机构在施工现场实施的安全监理活动载入监理月报，设立安全监理专篇或单独编写安全监理月报

B. 安全监理月报由土建监理人员编写，经总监理工程师审定

C. 安全监理月报应有当月施工现场安全生产状况简介、施工单位安全生产保证体系运行情况及文明施工状况评价

D. 当月安全监理的主要工作和效果

（10）下列文件资料需要监理单位短期保存的是（　　）。

A. 月报总结 　　　　　　　　　　B. 预付款报审与支付

C. 月付款报审与支付 　　　　　　D. 工程竣工决算审核意见书

（11）下列（　　）不属于监理月报的主要内容。

A. 本月工程实施情况 　　　　　　B. 本月监理工作情况

C. 下月监理工作重点 　　　　　　D. 监理工作总结

（12）（　　）不需要监理部编写会议纪要。

A. 第一次工地会议 　　　　　　　B. 监理例会

C. 专题会议 　　　　　　　　　　D. 施工单位工作安排

（13）《施工组织设计或（专项）施工方案报审表》需要由（　　）签字，并加盖执业印章。

A. 专业监理工程师 　　　　　　　B. 总监理工程师代表

C. 总监理工程师 　　　　　　　　D. 建设单位代表

（14）突出会议纪要的纪实性特点包括（　　）。

A. 会议纪要概况。主要包括会议时间、地点、名称、主持人、与会人员、基本议程

B. 会议纪要格式。会议纪要通常由标题、正文、主送、抄送单位构成

C. 要善于整理会议意见

D. 要做好会议记录

（15）（　　）主要用于隐蔽工程、检验批、分项工程的报验。

A. 施工控制测量成果报验表 　　　B. 分部工程报验表

C. 工程复工令 　　　　　　　　　D. 报验、报审表

（16）关于第一次工地会议的说法错误的是（　　）。

A. 第一次工地会议是建设工程尚未全面展开、总监理工程师下达开工令前进行的

B. 第一次工地会议由总监理工程师组织

C. 第一次工地会议是建设单位、监理单位和施工单位对各自人员及分工、开工准备、监理例会的要求等情况进行沟通和协调的会议

D. 第一次工地会议是检查开工前各项准备工作是否就绪并明确监理程序的会议

（17）对监理例会的说法，错误的是（　　）。

A. 监理例会是项目监理机构定期组织有关单位研究解决与监理相关问题的会议

B. 监理例会应由总监理工程师或其授权的专业监理工程师主持召开，宜每周召开一次

C. 监理例会参加人员包括：项目总监理工程师或总监理工程师代表、其他有关监理人员、施工项目经理、施工单位其他有关人员。需要时，也可邀请其他有关单位代表参加

D. 监理例会越频繁越好，能显示监理工作勤快，也能让建设单位觉得监理工作用心

（18）专题会议是由总监理工程师或其授权的专业监理工程师主持或参加的，为解决工程监理过程中的工程专项问题而（　　）召开的会议。

A. 不定期　　　　　　　　　　　　B. 定期主持

C. 每月组织召开一次　　　　　　　D. 按建设单位要求组织

（19）下列选项中，不属于建设工程监理主要文件资料的是（　　）。

A. 第一次工地会议、监理例会、专题会议等会议纪要

B. 工程变更、费用索赔及工程延期文件资料

C. 中标通知书

D. 施工组织设计、（专项）施工方案、施工进度计划报审文件资料

（20）根据《建设工程监理规范》GB/T 50319—2013，第一次工地会议纪要由（　　）负责起草，并经与会各方代表会签。

A. 建设单位　　　　　　　　　　　B. 施工单位

C. 项目监理机构　　　　　　　　　D. 总监理工程师

2. 多选题

（1）记录《监理日志》应遵守的要求有（　　）。

A. 记录内容要求真实可靠，注意时效性

B. 书写规范、字迹清晰、文字简练，词意表达准确

C. 日志内容要与监理通知单，旁站记录，平行检验记录，质量检测、试验记录，见证取样记录等各相关资料相互验证闭合，记录时间、内容一致

D. 对记录内容应当跟踪检查的必须做到有始有终，完整闭合

E.《监理日志》应以单位工程为体系，分别记录并保持其完整性

（2）监理例会会议纪要由项目监理机构根据会议记录整理，主要内容包括（　　）。

A. 会议地点及时间

B. 与会人员姓名、单位、职务

C. 会议主要内容、决议事项

D. 负责落实单位、负责人和时限要求

E. 与会各方代表会签

（3）监理日志的记录内容应包括（　　）。

A. 日期、天气

B. 单位工程、分部工程开工、完工时间及施工情况

C. 承包商的组织机构、人员动态

D. 承包商主要材料、设备进场及使用情况

E. 监理单位对不同问题的处理

（4）监理日志（   ）。

A. 是工程实施中监理工作状况的最真实的反映

B. 是体现监理工作量和监理价值的资料之一

C. 是监理的工程跟踪控制的重要组成部分

D. 是监理人员工作能力、工作责任心的综合反映

E. 不是工程监理档案的组成部分

（5）监理日志具体记录内容包括（   ）。

A. 所有分项工程开始、完成及检测，以及承包人每日投入的人力、材料和机械的详细情况、工程施工的质量和完成的数量

B. 上级领导来工地检查情况和对工程质量、进度提出的要求

C. 工程延误及其原因，以及所有给承包人下达的口头指令内容

D. 必要的照片（特别是重要工程、隐蔽工程的照片）、电话、气候及其他与工程有关的资料

E. 审查图纸必须注明图号、内容

（6）应由总监签字并加盖执业印章的是（   ）。

A. 工程开工令   B. 监理通知单

C. 工程复工报审表   D. 工程款支付证书

E. 费用索赔报审表

（7）监理月报内容的编制内容有（   ）。

A. 本月工程概况

B. 工程质量控制情况以及监理资料编制情况

C. 安全文明施工

D. 材料、设备及构配件进场数量及抽查质量情况

E. 本月监理工作小结

（8）监理报告编写存在的普遍问题有（   ）。

A. 工程叙述凌乱，不系统

B. 工程进度、形象进度不清楚，不能一一对应

C. 工程质量没有结论，缺少平行检查情况描述，如抽查多少项，合格多少项，普遍存在

D. 安全套话较多，如本月学习公司有关安全方面的文件，召开有关安全方面的会议

E. 对上月存在典型安全、质量问题的处理落实情况等，重要监理活动、重要会议、重要人物来访及指示以及上级部门检查情况等没有认真记录

（9）监理月报对施工单位的作用有（   ）。

A. 提醒施工单位做好质量控制工作

B. 警示施工单位对质量进行严格要求

C. 对施工单位进行绩效考核

D. 树立监理的形象与威严

E. 作为施工单位内部管理文件

（10）监理例会的内容应包括（　　）。

A. 检查上次例会议定事项的落实情况，分析未完事项原因

B. 检查分析工程项目进度计划完成情况，提出下一阶段进度目标及其落实措施

C. 检查分析工程项目质量、施工安全管理状况，针对存在的问题提出改进措施

D. 检查工程量核定及工程款支付情况

E. 解决需要协调的有关事项

（11）专题会议的主题包括（　　）。

A. 工程质量专题会议

B. 质量事故专题会议

C. 复杂技术方案、重大技术难题专题会议

D. 专家指导专题会议

E. 地方问题处理专题会议

（12）第一次工地会议的内容包括（　　）。

A. 建设单位、承包人及监理机构的自我介绍和说明

B. 建设单位根据委托监理合同宣布对总监理工程师的授权

C. 建设单位介绍项目开工准备情况

D. 承包商介绍施工准备情况

E. 建设单位和总监理工程师对施工准备情况提出意见和要求

码11-4　习题参考答案

项目 12　建设监理相关法律法规

知识目标

1. 了解建设监理法律法规体系；
2. 熟悉建设工程监理相关法律法规条文；
3. 掌握《建设工程监理规范》。

能力目标

1. 能列出与监理有关的建设工程法律法规；
2. 能利用《建设工程监理规范》开展监理工作。

重点、难点、关键点

1. 重点：《建设工程监理规范》的学习；
2. 难点：建设监理相关法律法规的学习；
3. 关键点：最新有关监理工作标准的规定。

一、知识准备

1.《中华人民共和国建筑法》相关内容

（1）施工许可证的申领

申请领取施工许可证，应当具备下列条件：

1）已经办理该建筑工程用地批准手续；

2）在城市规划区的建筑工程，已经取得规划许可证；

3）需要拆迁的，其拆迁进度符合施工要求；

4）已经确定建筑施工企业；

5）有满足施工需要的施工图纸及技术资料；

6）有保证工程质量和安全的具体措施；

7）建设资金已经落实；

8）法律、行政法规规定的其他条件。

（2）施工许可证有效期

建设单位应当自领取施工许可证之日起 3 个月内开工。因故不能按期开工的，应当向发证机关申请延期；延期以两次为限，每次不超过 3 个月。

在建的建筑工程因故中止施工的，建设单位应当自中止施工之日起 1 个月内，向发证机关报告，并按照规定做好建筑工程的维护管理工作。建筑工程恢复施工时，应当向发证机关报告；中止施工满 1 年的工程恢复施工前，建设单位应当报发证机关核验施工许可证。

（3）建筑工程发包与承包

提倡对建筑工程实行总承包，禁止将建筑工程肢解发包。

施工总承包的，建筑工程主体结构的施工必须由总承包单位自行完成。总承包单位和分包单位就分包工程对建设单位承担连带责任；禁止总承包单位将工程分包给不具备相应资质条件的单位。禁止分包单位将其承包的工程再分包。

2.《中华人民共和国招标投标法》相关内容

（1）招标方式

招标分为公开招标和邀请招标。

招标人采用公开招标方式的，应当发布招标公告。依法必须进行招标的项目的招标公告，应当通过国家指定的报刊、信息网络或者其他媒介发布。

招标人采用邀请招标方式的，应当向 3 个以上具备承担招标项目的能力、资信良好的特定的法人或者其他组织发出投标邀请书。

（2）公开招标程序

由同一专业的单位组成的联合体，按照资质等级较低的单位确定资质等级；联合体中标的，联合体各方应共同与招标人签订合同，就中标项目向招标人承担连带责任。

依法必须进行招标的项目，自招标文件开始发出之日起至投标人提交投标文件截止之日止，最短不得少于 20 日。

招标人对已发出的招标文件进行必要的澄清或者修改的，应当在招标文件要求提交投标文件截止时间至少 15 日前，以书面形式通知所有招标文件收受人。该澄清或者修改的内容为招标文件的组成部分。

招标人和中标人应当自中标通知书发出之日起 30 日内，按照招标文件和中标人的投标文件订立书面合同。招标人应当自确定中标人之日起 15 日内，向有关行政监督部门提交招标投标情况的书面报告。

（3）投标人的禁止行为

投标人不得相互串通投标报价，不得排挤其他投标人的公平竞争、损害招标人或其他投标人的合法权益；投标人不得与招标人串通投标，损害国家利益、社会公共利益或者他人的合法权益；投标人不得以低于成本的报价竞标，也不得以他人名义投标或者以其他方式弄虚作假，骗取中标。禁止投标人以向招标人或评标委员会成员行贿的手段谋取中标。

（4）评标

1）评标委员会的组成：依法必须进行招标的项目，其评标委员会由招标人的代表和有关技术、经济等方面的专家组成，成员人数为 5 人以上单数，其中技术、经济等方面的专家不得少于成员总数的 2/3。

评标委员会的专家成员应当从事相关领域工作满 8 年并具有高级职称或者具有同等专业水平，由招标人从国务院有关部门或者省、自治区、直辖市人民政府有关部门提供的专家名册或者招标代理机构的专家库内的相关专业的专家名单中确定。一般招标项目可以采取随机抽取方式，特殊招标项目可以由招标人直接确定。

2）中标的条件：能够最大限度地满足招标文件中规定的各项综合评价标准；能够满足招标文件的实质性要求，并且经评审的投标价格最低，但是投标价格低于成本的除外。

3.《中华人民共和国民法典》第三编合同相关内容

（1）建设工程合同包括工程勘察、设计、施工合同。

（2）要约与承诺。

要约是希望与他人订立合同的意思表示，要约可以撤回。承诺是受要约人同意要约的意思表示。承诺生效时合同成立。

要约邀请是希望他人向自己发出要约的表示。拍卖公告、招标公告、招股说明书、债券募集办法、基金招募说明书、商业广告和宣传、寄送的价目表等为要约邀请。

要约失效的情形：要约被拒绝；要约被依法撤销；承诺期限届满，受要约人未作出承诺；受要约人对要约的内容作出实质性变更。

（3）合同履行的一般规则

1）质量要求不明确的，按照强制性国家标准履行；没有强制性国家标准的，按照推荐性国家标准履行；没有推荐性国家标准的，按照行业标准履行；没有国家标准、行业标准的，按照通常标准或者符合合同目的的特定标准履行。

2）价款或者报酬不明确的，按照订立合同时履行地的市场价格履行；依法应当执行政府定价或者政府指导价的，按照规定履行。

3）履行地点不明确，给付货币的，在接受货币一方所在地履行；交付不动产的，在不动产所在地履行；其他标的，在履行义务一方所在地履行。

4）履行期限不明确的，债务人可以随时履行，债权人也可以随时要求履行，但是应当给对方必要的准备时间。

5）履行方式不明确的，按照有利于实现合同目的的方式履行。

6）履行费用的负担不明确的，由履行义务一方负担；因债权人原因增加的履行费用，由债权人负担。

（4）委托合同

1）受托人为处理委托事务垫付的必要费用，委托人应当偿还该费用并支付利息。

2）有偿的委托合同，因受托人的过错给委托人造成损失的，委托人可以请求赔偿损失。无偿的委托合同，因受托人的故意或者重大过失给委托人造成损失的，委托人可以要求赔偿损失。受托人超越权限造成委托人损失的，应当赔偿损失。

3）受托人完成委托事务的，委托人应当按照约定向其支付报酬。因不可归责于受托人的事由，委托合同解除或者委托事务不能完成的，委托人应当向受托人支付相应的报酬。

4.《建设工程质量管理条例》相关内容

（1）发包与分包规定

1）建设工程发包单位不得迫使承包方以低于成本的价格竞标，不得任意压缩合理工期。

2）建设单位不得明示或者暗示设计单位或者施工单位违反工程建设强制性标准，降低建设工程质量。

（2）施工单位的质量责任和义务

1）施工单位必须按照工程设计图纸和施工技术标准施工，不得擅自修改工程设计，不得偷工减料。施工单位在施工过程中发现设计文件和图纸有差错的，应当及时提出意见和建议。

2）施工单位必须按照工程设计要求、施工技术标准和合同约定，对建筑材料、建筑构配件、设备和商品混凝土进行检验，检验应当有书面记录和专人签字；未经检验或者检验不合格的，不得使用。

3）施工人员对涉及结构安全的试块、试件以及有关材料，应当在建设单位或者工程监理单位监督下现场取样，并送具有相应资质等级的质量检测单位进行检测。

4）施工单位必须建立、健全施工质量的检验制度，严格工序管理，做好隐蔽工程的质量检查和记录。隐蔽工程在隐蔽前，施工单位应当通知建设单位和建设工程质量监督机构。

5）施工单位对施工中出现质量问题的建设工程或者竣工验收不合格的建设工程，应当负责返修。

（3）建设工程最低保修期限

1）基础设施工程、房屋建筑的地基基础工程和主体结构工程，为设计文件规定的该工程的合理使用年限；

2）屋面防水工程、有防水要求的卫生间、房间和外墙面的防渗漏，为 5 年；

3）供热与供冷系统，为 2 个采暖期、供冷期；

4）电气管线、给水排水管道、设备安装和装修工程，为 2 年；

5）其他项目的保修期限由发包方与承包方约定。

5.《建设工程安全生产管理条例》相关内容

（1）施工单位主要负责人依法对本单位的安全生产工作全面负责。

（2）建设工程实行施工总承包的，由总承包单位对施工现场的安全生产负总责。

1）总承包单位依法将建设工程分包给其他单位的，分包合同中应当明确各自的安全生产方面的权利、义务。总承包单位和分包单位对分包工程的安全生产承担连带责任。

2）分包单位应当服从总承包单位的安全生产管理，分包单位不服从管理导致生产安全事故的，由分包单位承担主要责任。

（3）专职安全生产管理人员负责对安全生产进行现场监督检查。发现安全事故隐患，应当及时向项目负责人和安全生产管理机构报告。

（4）施工单位的主要负责人、项目负责人、专职安全生产管理人员应当经建设行政主管部门或者其他有关部门考核合格后方可任职。

（5）施工单位在采用新技术、新工艺、新设备、新材料时，应当对作业人员进行相应的安全生产教育培训。

（6）垂直运输机械作业人员、安装拆卸工、爆破作业人员、起重信号工、登高架设作业人员等特种作业人员，必须按照国家有关规定经过专门的安全作业培训，并取得特种作业操作资格证书后，方可上岗作业。

（7）对下列达到一定规模的危险性较大的分部分项工程编制专项施工方案：

1）基坑支护与降水工程；

2）土方开挖工程；

3）模板工程；

4）起重吊装工程；

5）脚手架工程；

6）拆除、爆破工程；

7）国务院建设行政主管部门或者其他有关部门规定的其他危险性较大的工程。

对上述所列工程中涉及深基坑、地下暗挖工程、高大模板工程的专项施工方案，施工单位还应当组织专家进行论证、审查。

（8）施工单位对因建设工程施工可能造成损害的毗邻建筑物、构筑物和地下管线等，应当采取专项防护措施。

6.《生产安全事故报告和调查处理条例》相关内容

（1）安全事故等级

1）特别重大事故，是指造成30人及以上死亡，或者100人及以上重伤（包括急性工业中毒，下同），或者1亿元及以上直接经济损失的事故。

2）重大事故，是指造成10人及以上30人以下死亡，或者50人及以上100人以下重伤，或者5000万元及以上1亿元以下直接经济损失的事故。

3）较大事故，是指造成3人及以上10人以下死亡，或者10人及以上50人以下重伤，或者1000万元及以上5000万元以下直接经济损失的事故。

4）一般事故，是指造成3人以下死亡，或者10人以下重伤，或者1000万元以下直接经济损失的事故。

（2）事故报告程序

事故发生后，事故现场有关人员应当立即向本单位负责人报告；单位负责人接到报告后，应当于1小时内向事故发生地县级以上人民政府安全生产监督管理部门和负有安全生产监督管理职责的有关部门报告。

情况紧急时，事故现场有关人员可以直接向事故发生地县级以上人民政府安全生产监督管理部门和负有安全生产监督管理职责的有关部门报告。安全生产监督管理部门和负有安全生产监督管理职责的有关部门逐级上报事故情况，每级上报的时间不得超过2小时。

（3）事故报告应当包括的内容

1）事故发生单位概况；

2）事故发生时间、地点以及事故现场情况；

3）事故的简要经过；

4）事故已经造成或者可能造成的伤亡人数（包括下落不明的人数）和初步估计的直接经济损失；

5）已经采取的措施；

6）其他应当报告的情况。

（4）安全事故调查部门的划分

特别重大事故由国务院或者国务院授权有关部门组织事故调查组进行调查。

重大事故、较大事故、一般事故分别由事故发生地省级人民政府、设区的市级人民政府、县级人民政府负责调查。省级人民政府、设区的市级人民政府、县级人民政府可以直接组织事故调查组进行调查，也可以授权或者委托有关部门组织事故调查组进行调查。

未造成人员伤亡的一般事故，县级人民政府也可以委托事故发生单位组织事故调查组进行调查。

7. 《中华人民共和国招标投标法实施条例》相关内容

（1）邀请招标的情形

国有资金占控股或者主导地位的依法必须进行招标的项目，应当公开招标；但有下列情形之一的，可以邀请招标：

1）技术复杂、有特殊要求或者受自然环境限制，只有少量潜在投标人可供选择；

2）采用公开招标方式的费用占项目合同金额的比例过大。

（2）可以不招标的情形

除《中华人民共和国招标投标法》第六十六条规定的可以不进行招标的特殊情况外，有下列情形之一的，可以不进行招标：

1）需要采用不可替代的专利或者专有技术；

2）采购人依法能够自行建设、生产或者提供；

3）已通过招标方式选定的特许经营项目投资人依法能够自行建设、生产或者提供；

4）需要向原中标人采购工程、货物或者服务，否则将影响施工或者功能配套要求；

5）国家规定的其他特殊情形。

（3）禁止投标人相互串通投标的情形

1）投标人之间协商投标报价等投标文件的实质性内容；

2）投标人之间约定中标人；

3）投标人之间约定部分投标人放弃投标或者中标；

4）属于同一集团、协会、商会等组织成员的投标人按照该组织要求协同投标；

5）投标人之间为谋取中标或者排斥特定投标人而采取的其他联合行动。

（4）有下列情形之一的，评标委员会应当否决其投标

1）投标文件未经投标单位盖章和单位负责人签字；

2）投标联合体没有提交共同投标协议；

3）投标人不符合国家或者招标文件规定的资格条件；

4）同一投标人提交两个以上不同的投标文件或者投标报价，但招标文件要求提交备选投标的除外；

5）投标报价低于成本或者高于招标文件设定的最高投标限价；

6）投标文件没有对招标文件的实质性要求和条件作出响应；

7）投标人有串通投标、弄虚作假、行贿等违法行为。

（5）依法必须进行招标的项目提交资格预审申请文件的时间，自资格预审文件停止发售之日起不得少于5日。

（6）投标保证金不得超过招标项目估算价的2%。

（7）招标人与中标人依照规定签订书面合同，招标人最迟应当在书面合同签订后5日内向中标人和未中标的投标人退还投标保证金及银行同期存款利息；招标文件要求中标人提交履约保证金的，中标人应按照要求提交。履约保证金不得超过中标合同金额的10%。

8. 《建设工程质量管理条例》《建设工程安全生产管理条例》规定工程监理单位的职责

《建设工程质量管理条例》规定：（1）未经监理工程师签字，建筑材料、建筑构配件和设备不得在工程上使用或者安装，施工单位不得进行下一道工序的施工。（2）未经总监

理工程师签字，建设单位不拨付工程款，不进行竣工验收。

《建设工程安全生产管理条例》规定：(1) 工程监理单位应审查施工组织设计中的安全技术措施或者专项施工方案是否符合工程建设强制性标准。(2) 工程监理单位在实施监理过程中，发现存在安全事故隐患的，应当要求施工单位整改；情况严重的，应当要求施工单位暂时停止施工，并及时报告建设单位；施工单位拒不整改或者不停止施工的，工程监理单位应当及时向有关主管部门报告。

9. 工程监理单位的法律责任

(1)《建设工程质量管理条例》第六十条规定，勘察、设计、施工、工程监理单位超越本单位资质等级承揽工程的，责令停止违法行为，对勘察、设计单位或者工程监理单位处合同约定的勘察费、设计费或者监理酬金 1 倍以上 2 倍以下的罚款。

(2)《建设工程质量管理条例》第六十一条规定，勘察、设计、施工、工程监理单位允许其他单位或者个人以本单位名义承揽工程的，责令改正，没收违法所得，对勘察、设计单位和工程监理单位处合同约定的勘察费、设计费和监理酬金 1 倍以上 2 倍以下的罚款。

(3)《建设工程质量管理条例》第六十二条规定，工程监理单位转让工程监理业务的，责令改正，没收违法所得，处合同约定的监理酬金 25％以上 50％以下的罚款；可以责令停业整顿，降低资质等级；情节严重的，吊销资质证书。

(4)《建设工程质量管理条例》第六十七条规定，工程监理单位有下列行为之一的，责令改正，处 50 万元以上 100 万元以下的罚款，降低资质等级或者吊销资质证书；有违法所得的，予以没收；造成损失的，承担连带赔偿责任：

1) 与建设单位或者施工单位串通，弄虚作假、降低工程质量的；

2) 将不合格的建设工程、建筑材料、建筑构配件和设备按照合格签字的。

(5)《建设工程安全生产管理条例》第五十七条规定：工程监理单位有下列行为之一的，责令限期改正；逾期未改正的，责令停业整顿，并处 10 万元以上 30 万元以下的罚款；情节严重的，降低资质等级，直至吊销资质证书；造成重大安全事故，构成犯罪的，对直接责任人员，依照刑法有关规定追究刑事责任；造成损失的，依法承担赔偿责任：

1) 未对施工组织设计中的安全技术措施或者专项施工方案进行审查的；

2) 发现安全事故隐患未及时要求施工单位整改或者暂时停止施工的；

3) 施工单位拒不整改或者不停止施工，未及时向有关主管部门报告的；

4) 未依照法律、法规和工程建设强制性标准实施监理的。

10.《建设工程监理规范》GB/T 50319—2013 摘录

1.0.3 实施建设工程监理前，建设单位应委托具有相应资质的工程监理单位，并以书面形式与工程监理单位订立建设工程监理合同，合同中应包括监理工作的范围、内容、服务期限和酬金，以及双方的义务、违约责任等相关条款。

在订立建设工程监理合同时，建设单位将勘察、设计、保修阶段等相关服务一并委托的，应在合同中明确相关服务的工作范围、内容、服务期限和酬金等相关条款。

1.0.4 工程开工前，建设单位应将工程监理单位的名称，监理的范围、内容和权限及总监理工程师的姓名书面通知施工单位。

1.0.5 在建设工程监理工作范围内，建设单位与施工单位之间涉及施工合同的联系活动，应通过工程监理单位进行。

3.1.1　工程监理单位实施监理时，应在施工现场派驻项目监理机构。项目监理机构的组织形式和规模，可根据建设工程监理合同约定的服务内容、服务期限，以及工程特点、规模、技术复杂程度、环境等因素确定。

3.1.2　项目监理机构的监理人员由总监理工程师、专业监理工程师和监理员组成，且专业配套、数量应满足监理工作需要，必要时可设总监理工程师代表。

3.3.2　工程监理单位应按照建设工程监理合同约定，配备满足监理工作需要的检测设备和工器具。

5　工程质量、造价、进度控制及安全生产管理的监理工作

5.1　一般规定

5.1.1　项目监理机构应根据建设工程监理合同约定，遵循动态控制原理，坚持预防为主原则，制定和实施相应的监理措施，采用旁站、巡视和平行检验等方式对建设工程实施监理。

5.1.2　监理人员应熟悉工程设计文件，并应参加建设单位主持的图纸会审和设计交底会议，会议纪要应由总监理工程师签认。

5.1.3　工程开工前，监理人员应参加由建设单位主持召开的第一次工地会议，会议纪要应由项目监理机构负责整理，与会各方代表应会签。

5.1.4　项目监理机构应定期召开监理例会，并组织有关单位研究解决与监理相关的问题。项目监理机构可根据工程需要，主持或参加专题会议，解决监理工作范围内工程专项问题。

监理例会以及由项目监理机构主持召开的专题会议的会议纪要，应由项目监理机构负责整理，与会各方代表应会签。

5.1.5　项目监理机构应协调工程建设相关方的关系。项目监理机构与工程建设相关方之间的工作联系，除另有规定外宜采用工作联系单形式进行。

5.1.6　项目监理机构应审查施工单位报审的施工组织设计，符合要求时，应由总监理工程师签认后报建设单位。项目监理机构应要求施工单位按已批准的施工组织设计施工。施工组织设计需要调整时，项目监理机构应按程序重新审查。

施工组织设计审查应包括下列基本内容：

1. 编审程序应符合相关规定。

2. 施工进度、施工方案及工程质量保证措施应符合施工合同要求。

3. 资金、劳动力、材料、设备等资源供应计划应满足工程施工需要。

4. 安全技术措施应符合工程建设强制性标准。

5. 施工总平面布置应科学合理。

5.1.8　总监理工程师应组织专业监理工程师审查施工单位报送的开工报审表及相关资料；同时具备以下条件的，应由总监理工程师签署审查意见，并应报建设单位批准后，总监理工程师签发工程开工令：

1. 设计交底和图纸会审已完成。

2. 施工组织设计已由总监理工程师签认。

3. 施工单位现场质量、安全生产管理体系已建立，管理及施工人员已到位，施工机

117

械具备使用条件，主要工程材料已落实。

4. 进场道路及水、电、通信等已满足开工要求。

5.1.10 分包工程开工前，项目监理机构应审核施工单位报送的分包单位资格报审表，专业监理工程师提出审查意见后，应由总监理工程师审核签认。

分包单位资格审核应包括下列基本内容：

1. 营业执照、企业资质等级证书。

2. 安全生产许可文件。

3. 类似工程业绩。

4. 专职管理人员和特种作业人员的资格。

5.1.12 项目监理机构宜根据工程特点、施工合同、工程设计文件及经过批准的施工组织设计对工程风险进行分析，并宜提出工程质量、造价、进度目标控制及安全生产管理的防范性对策。

5.2 工程质量控制

5.2.1 工程开工前，项目监理机构应审查施工单位现场的质量管理机构、管理制度及专职管理人员和特种作业人员的资格。

5.2.2 总监理工程师应组织专业监理工程师审查施工单位报审的施工方案，符合要求应后予以签认。

施工方案审查应包括下列基本内容：

1. 编审程序应符合相关规定。

2. 工程质量保证措施应符合有关标准。

5.2.4 专业监理工程师应审查施工单位报送的新材料、新工艺、新技术、新设备的质量认证材料和相关验收标准的适用性，必要时，应要求施工单位组织专题论证，审查合格后报总监理工程师签认。

5.2.5 专业监理工程师应检查、复核施工单位报送的施工控制测量成果及保护措施，签署意见。专业监理工程师应对施工单位在施工过程中的施工测量放线成果进行查验。

施工控制测量成果及保护措施的检查、复核，应包括下列内容：

1. 施工单位测量人员的资格证书及测量设备检定证书。

2. 施工平面控制网、高程控制网和临时水准点的测量成果及控制桩的保护措施。

5.2.7 专业监理工程师应检查施工单位为工程提供服务的试验室。

试验室的检查应包括下列内容：

1. 试验室的资质等级及试验范围。

2. 法定计量部门对试验设备出具的计量检定证明。

3. 试验室管理制度。

4. 试验人员资格证书。

5.2.9 项目监理机构应审查施工单位报送的用于工程的材料、构配件、设备的质量证明文件，并按照有关规定或建设工程监理合同约定，对用于工程的材料进行见证取样、平行检验。

项目监理机构对已进场经检验不合格的工程材料、构配件、设备，应要求施工单位限期将其撤出施工现场。

5.2.10　专业监理工程师应要求施工单位定期提交影响工程质量的计量设备的检查和检定报告。

5.2.11　项目监理机构应根据工程特点和施工单位报送的施工组织设计，确定旁站的关键部位、关键工序，安排监理人员进行旁站，并应及时记录旁站情况。

5.2.12　项目监理机构应安排监理人员对工程施工质量进行巡视。巡视应包括下列主要内容：

1. 施工单位是否按工程设计文件、工程建设标准和批准的施工组织设计、（专项）施工方案施工。

2. 使用的工程材料、构配件和设备是否合格。

3. 施工现场管理人员，特别是施工质量管理人员是否到位。

4. 特种作业人员是否持证上岗。

5.2.13　项目监理机构应根据工程特点、专业要求，以及建设工程监理合同约定，对施工质量进行平行检验。

5.2.14　项目监理机构应对施工单位报验的隐蔽工程、检验批、分项工程和分部工程进行验收，对验收合格的应给予签认；对验收不合格的应拒绝签认，同时应要求施工单位在指定的时间内调整并重新报验。

对已同意覆盖的工程隐蔽部位质量有疑问的，或发现施工单位私自覆盖工程隐蔽部位的，项目监理机构应要求施工单位对该隐蔽部位进行钻孔探测、剥离或其他方法进行重新检验。

5.2.15　项目监理机构发现施工存在质量问题的，或施工单位采用不适当的施工工艺，或施工不当，造成工程质量不合格，应及时签发监理通知单，要求施工单位整改。整改完毕后，项目监理机构应根据施工单位报送的监理通知回复单对整改情况进行复查，提出复查意见。

5.2.16　对需要返工处理或加固补强的质量缺陷，项目监理机构应要求施工单位报送经设计等相关单位认可的处理方案，并应对质量缺陷的处理过程进行跟踪检查，同时应对处理结果进行验收。

5.2.17　对需要返工处理或加固补强的质量事故，项目监理机构应要求施工单位报送质量事故调查报告和经设计等相关单位认可的处理方案，并对质量事故的处理过程进行跟踪检查，同时应对处理结果进行验收。

项目监理机构应及时向建设单位提交质量事故书面报告，并应将完整的质量事故处理记录整理归档。

5.2.18　项目监理机构应审查施工单位提交的单位工程竣工验收报审表及竣工资料，组织工程竣工预验收。存在问题的，应要求施工单位及时整改；合格的，总监理工程师应签发单位工程竣工验收报审表。

5.2.19　工程竣工预验收合格后，项目监理机构应编写工程质量评估报告，并应经总监理工程师和工程监理单位技术负责人审核签字后报建设单位。

5.3　工程造价控制

5.3.1　项目监理机构应按下列程序进行工程计量和付款签证：

1. 专业监理工程师对施工单位在工程款支付报审表中提交的工程量和支付金额进行

复核，确定实际完成的工程量，提出到期应支付给施工单位的金额，并提出相应的支持性材料。

2. 总监理工程师对专业监理工程师的审查意见进行审核，签认后报建设单位审批。

3. 总监理工程师根据建设单位的审批意见，向施工单位签发工程款支付证书。

5.3.3 项目监理机构应编制月完成工程量统计表，对实际完成量与计划完成量进行比较分析，发现偏差的，应提出调整建议，并应在监理月报中向建设单位报告。

5.3.4 项目监理机构应按下列程序进行竣工结算审核：

1. 专业监理工程师审查施工单位提交的竣工结算款支付申请，提出审查意见。

2. 总监理工程师对专业监理工程师的审查意见进行审核，签认后报建设单位审批，同时抄送施工单位，并就工程竣工结算事宜与建设单位、施工单位协商，达成一致意见的，根据建设单位审批意见向施工单位签发竣工结算款支付证书；不能达成一致意见的，应按施工合同约定处理。

5.4 工程进度控制

5.4.1 项目监理机构应审查施工单位报审的施工总进度计划和阶段性施工进度计划，提出审查意见，并应由总监理工程师审核后报建设单位。

施工进度计划审查应包括下列基本内容：

1. 施工进度计划应符合施工合同中工期的约定。

2. 施工进度计划中主要工程项目无遗漏，应满足分批投入运行、分批动用的需要，阶段性施工进度计划应满足总进度控制目标的要求。

3. 施工顺序的安排应符合施工工艺要求。

4. 施工人员、工程材料、施工机械等资源供应计划应满足施工进度计划的需要。

5. 施工进度计划应符合建设单位提供的资金、施工图纸、施工场地、物资等施工条件。

5.4.3 项目监理机构应检查进度计划的实施情况，发现实际进度严重滞后于计划进度且影响合同工期时，应签发监理通知单，要求施工单位采取调整措施加快施工进度。总监理工程师应向建设单位报告工期延误风险。

5.4.4 项目监理机构应比较分析工程施工实际进度与计划进度，预测实际进度对工程总工期的影响，并应在监理月报中向建设单位报告工程实际进展情况。

5.5 安全生产管理的监理工作

5.5.1 项目监理机构应根据法律法规、工程建设强制性标准，履行建设工程安全生产管理的监理职责，并应将安全生产管理的监理工作内容、方法和措施纳入监理规划及监理实施细则。

5.5.2 项目监理机构应审查施工单位现场安全生产规章制度的建立和实施情况，并应审查施工单位安全生产许可证及施工单位项目经理、专职安全生产管理人员和特种作业人员的资格，同时应核查施工机械和设施的安全许可验收手续。

5.5.3 项目监理机构应审查施工单位报审的专项施工方案，符合要求的，应由总监理工程师签认后报建设单位。超过一定规模的危险性较大的分部分项工程的专项施工方案，应检查施工单位组织专家进行论证、审查的情况，以及是否附具安全验算结果。项目监理机构应要求施工单位按已批准的专项施工方案组织施工。专项施工方案需要调整时，施工单位应按程序重新提交项目监理机构审查。

专项施工方案审查应包括下列基本内容：

1. 编审程序应符合相关规定。

2. 安全技术措施应符合工程建设强制性标准。

5.5.5   项目监理机构应巡视检查危险性较大的分部分项工程专项施工方案实施情况。发现未按专项施工方案实施时，应签发监理通知单，要求施工单位按专项施工方案实施。

5.5.6   项目监理机构在实施监理过程中，发现工程存在安全事故隐患时，应签发监理通知单，要求施工单位整改；情况严重时，应签发工程暂停令，并应及时报告建设单位。施工单位拒不整改或不停工时，项目监理机构应及时向有关主管部门报送监理报告。

6   工程变更、索赔及施工合同争议处理

6.1   一般规定

6.1.1   项目监理机构应依据合同的约定进行施工合同管理，处理工程暂停及复工、工程变更、索赔及施工合同争议、解除等事宜。

6.1.2   施工合同终止时，项目监理机构应协助建设单位按施工合同约定处理施工合同终止的有关事宜。

6.2   工程暂停及复工

6.2.1   总监理工程师在签发工程暂停令时，应根据暂停工程的影响范围和影响程度，确定停工范围，并应按施工合同和建设工程监理合同的约定签发工程暂停令。

6.2.2   项目监理机构发生下列情况之一时，总监理工程师应及时签发工程暂停令：

1. 建设单位要求暂停施工且工程需要暂停施工的。

2. 承包单位未经批准擅自施工或拒绝项目监理机构管理的。

3. 施工单位未按审查通过的工程设计文件施工的。

4. 施工单位违反工程建设强制性标准的。

5. 施工存在重大质量、安全事故隐患或发生质量、安全事故的。

6.2.3   总监理工程师签发工程暂停令应事先征得建设单位同意，在紧急情况下未能事先报告时，应在事后及时向建设单位做出书面报告。

6.2.4   暂停施工事件发生时，项目监理机构应如实记录所发生的情况。

6.2.5   总监理工程师应会同有关各方按施工合同约定，处理因工程暂停引起的与工期、费用有关的问题。

6.2.6   因施工单位原因暂停施工时，项目监理机构应检查、验收施工单位的停工整改过程、结果。

6.2.7   当暂停施工原因消失、具备复工条件时，施工单位提出复工申请的，项目监理机构应审查施工单位报送的工程复工报审表及有关材料，符合要求后，总监理工程师应及时签署审查意见，并应报建设单位审批后签发工程复工令；施工单位未提出复工申请的，总监理工程师应根据工程实际情况指令施工单位恢复施工。

6.3   工程变更

6.3.1   项目监理机构应按下列程序处理施工单位提出的工程变更：

1. 总监理工程师组织专业监理工程师审查施工单位提出的工程变更申请，提出审查意见。对涉及工程设计文件修改的工程变更，应由建设单位转交原设计单位修改工程设计

文件。必要时，项目监理机构应建议建设单位组织设计、施工等单位召开论证工程设计文件的修改方案的专题会议。

2. 总监理工程师组织专业监理工程师对工程变更费用及工期影响作出评估。

3. 总监理工程师组织建设单位、施工单位等共同协商确定工程变更费用及工期变化，会签工程变更单。

4. 项目监理机构根据批准的工程变更文件监督施工单位实施工程变更。

6.3.3 项目监理机构可在工程变更实施前与建设单位、施工单位等协商确定工程变更的计价原则、计价方法或价款。

6.3.4 建设单位与施工单位未能就工程变更费用达成协议时，项目监理机构可提出一个暂定价格并经建设单位同意，作为临时支付工程款的依据。工程变更款项最终结算时，应以建设单位与施工单位达成的协议为依据。

6.3.5 项目监理机构应对建设单位要求的工程变更提出评估意见，并应督促施工单位按会签后的工程变更单组织施工。

6.4 费用索赔

6.4.1 项目监理机构应及时收集、整理有关工程费用的原始资料，为处理费用索赔提供证据。

6.4.2 项目监理机构处理费用索赔主要依据应包括下列内容：

1. 法律法规。

2. 勘察设计文件、施工合同文件。

3. 工程建设标准。

4. 索赔事件的证据。

6.4.3 项目监理机构可按下列程序处理施工单位提出的费用索赔：

1. 受理施工单位在施工合同约定的期限内提交的费用索赔意向通知书。

2. 收集与索赔有关的资料。

3. 受理施工单位在施工合同约定的期限内提交的费用索赔报审表。

4. 审查费用索赔报审表。需要施工单位进一步提交详细资料时，应在施工合同约定的期限内发出通知。

5. 与建设单位和施工单位协商一致后，在施工合同约定的期限内签发费用索赔报审表，并报建设单位。

6.4.5 项目监理机构批准施工单位费用索赔应同时满足下列条件：

1. 施工单位在施工合同约定的期限内提出费用索赔。

2. 索赔事件是因非施工单位原因造成，且符合施工合同约定。

3. 索赔事件造成施工单位直接经济损失。

6.4.6 当施工单位的费用索赔要求与工程延期要求相关联时，项目监理机构应提出费用索赔和工程延期的综合处理意见，并应与建设单位和施工单位协商。

6.4.7 因施工单位原因造成建设单位损失，建设单位提出索赔的，项目监理机构应与建设单位和施工单位协商处理。

6.5 工程延期及工期延误

6.5.1 施工单位提出工程延期要求符合施工合同约定的，项目监理机构应予以受理。

6.5.2　当影响工期事件具有持续性时，项目监理机构应对施工单位提交的阶段性工程临时延期报审表进行审查，并应签署工程临时延期审核意见后报建设单位。

当影响工期事件结束后，项目监理机构应对施工单位提交的工程最终延期报审表进行审查，并应签署工程最终延期审核意见后报建设单位。

6.5.3　项目监理机构在批准工程临时延期、工程最终延期前，均应与建设单位和施工单位协商。

6.5.4　项目监理机构批准工程延期应同时满足下列条件：

1. 施工单位在施工合同约定的期限内提出工程延期。

2. 因非施工单位原因造成施工进度滞后。

3. 施工进度滞后影响到施工合同约定的工期。

6.5.5　施工单位因工程延期提出费用索赔时，项目监理机构可按施工合同约定进行处理。

6.5.6　发生工期延误时，项目监理机构应按施工合同约定进行处理。

6.6　施工合同争议

6.6.1　项目监理机构处理施工合同争议时应进行下列工作：

1. 了解合同争议情况。

2. 及时与合同争议双方进行磋商。

3. 提出处理方案后，由总监理工程师进行协调。

4. 当双方未能达成一致时，总监理工程师应提出处理合同争议的意见。

6.6.2　项目监理机构在施工合同争议处理过程中，对未达到施工合同约定的暂停履行合同条件的，应要求施工合同双方继续履行合同。

6.6.3　在施工合同争议的仲裁或诉讼过程中，项目监理机构可按仲裁机关或法院要求提供与争议有关的证据。

6.7　施工合同解除

6.7.1　因建设单位原因导致施工合同解除时，项目监理机构应按施工合同约定与建设单位和施工单位按下列款项协商确定施工单位应得款项，并应签发工程款支付证书：

1. 施工单位按施工合同约定已完成的工作应得款项。

2. 施工单位按批准的采购计划订购工程材料、构配件、设备的款项。

3. 施工单位撤离施工设备至原基地或其他目的地的合理费用。

4. 施工单位人员的合理遣返费用。

5. 施工单位合理的利润补偿。

6. 施工合同约定的建设单位应支付的违约金。

6.7.2　因施工单位原因导致施工合同解除时，项目监理机构应按施工合同约定，从下列款项中确定施工单位应得款项或偿还建设单位的款项，并应与建设单位和施工单位协商后，书面提交施工单位应得款项或偿还建设单位款项的证明：

1. 施工单位已按施工合同约定实际完成的工作应得款项和已给付的款项。

2. 施工单位已提交的材料、构配件、设备和临时工程等的价值。

3. 对已完工程进行检查和验收、移交工程资料、修复已完成工程质量缺陷等所需的费用。

4. 施工合同规定的施工单位应支付的违约金。

6.7.3　因非建设单位、施工单位原因导致施工合同解除时，项目监理机构应按施工合同约定处理合同解除后的有关事宜。

二、习题

1. 单选题

（1）《建设工程安全生产管理条例》规定，工程监理单位和监理工程师应当按照法律、法规和（　　）实施监理，并对建设工程安全生产承担监理责任。

A. 施工合同　　　　　　　　　　B. 监理大纲

C. 项目管理规范　　　　　　　　D. 工程建设强制性标准

（2）《建设工程监理规范》GB/T 50319—2013规定，监理资料的管理应由（　　）。

A. 总监理工程师负责，并指定专人具体实施

B. 专业监理工程师负责

C. 专业监理工程师指定的专人负责实施

D. 资料员负责

（3）《建设工程监理规范》GB/T 50319—2013规定，总监理工程师或专业监理工程师应（　　）专题会议，解决施工过程中的各种专项问题。

A. 根据需要及时组织　　　　　　B. 定期主持召开

C. 每月组织召开一次　　　　　　D. 按建设单位要求组织

（4）《中华人民共和国建筑法》规定，建筑工程主体结构的施工（　　）。

A. 必须由总承包单位自行完成

B. 可以由总承包单位分包给具有相应资质的其他施工单位

C. 经总监理工程师批准，可以由总承包单位分包给具有相应资质的其他施工单位

D. 经业主批准，可以由总承包单位分包给具有相应资质的其他施工单位

（5）《中华人民共和国建筑法》规定，涉及建筑主体和承重结构变动的装修工程，建设单位应当在施工前委托原设计单位或者（　　）提出设计方案。

A. 其他设计单位　　　　　　　　B. 具有相应资质条件的设计单位

C. 具有相应资质条件的监理单位　D. 具有相应资质条件的装修施工单位

（6）《中华人民共和国建筑法》中所规定的责令停业整顿，由（　　）决定。

A. 建设行政主管部门　　　　　　B. 建设监理行政主管部门

C. 工商行政管理部门　　　　　　D. 颁发资质证书的机关

（7）《建设工程质量管理条例》规定，设计文件应当符合国家规定的设计深度要求，并注明工程（　　）使用年限。

A. 经济　　　　B. 最长　　　　C. 合理　　　　D. 法定

（8）《建设工程质量管理条例》规定，屋面防水工程和有防水要求的卫生间，最低保修期限为（　　）。

A. 1年　　　　B. 2年　　　　C. 3年　　　　D. 5年

（9）《建设工程监理规范》GB/T 50319—2013适用于建设工程（　　）的监理工作。

A. 施工阶段　　　　　　　　　　B. 施工招标阶段和施工阶段

C. 设计阶段和施工阶段　　　　　　　　D. 实施阶段全过程

(10)《中华人民共和国劳动法》第五十三条规定，劳动安全卫生设施必须符合国家规定的标准。新建、改建、扩建工程的劳动安全卫生设施必须与主体工程（　　）。

A. 同时规划、同时建设、同时安装和运行

B. 同时设计、同时施工、同时投入生产和使用

C. 同时计划、同时购买、同时使用

D. 同时设计、同时制造、同时安装

(11) 建设工程安全生产管理，坚持（　　）的方针。

A. 安全第一、预防为主、综合治理　　　B. 百年大计、质量第一

C. 安全第一、用户至上　　　　　　　　D. 全员管理、安全第一

(12)《建设工程安全生产管理条例》规定，（　　）应当向施工单位提供施工现场及毗邻区域内供水、排水、供电、供气、供热、通信、广播电视等地下管线资料，气象和水文观测资料、相邻建筑物和构筑物、地下工程的有关资料，并保证资料的真实、准确、完整。

A. 工程监理企业　　　　　　　　　　　B. 建设单位

C. 设计单位　　　　　　　　　　　　　D. 规划部门

(13)《建设工程安全生产管理条例》规定，（　　）在编制工程概算时，应当确定建设工程安全作业环境及安全施工措施所需费用。

A. 工程监理企业　　　　　　　　　　　B. 施工单位

C. 设计单位　　　　　　　　　　　　　D. 建设单位

(14)《建设工程安全生产管理条例》规定，（　　）应当审查施工组织设计中的安全技术措施或者专项施工方案是否符合工程建设强制性标准。

A. 工程监理单位　　　　　　　　　　　B. 施工单位

C. 设计单位　　　　　　　　　　　　　D. 建设单位

2. 多选题

(1)《建设工程安全生产管理条例》规定，（　　）是建设工程安全生产责任主体。

A. 施工单位　　　　　　　　　　　　　B. 监理单位

C. 政府安全生产监督机构　　　　　　　D. 建设单位

E. 设计单位

(2)《建设工程监理规范》GB/T 50319—2013 规定，建设单位、设计单位、施工单位、监理单位各方共同使用的通用表有（　　）。

A. 监理工作联系单　　　　　　　　　　B. 监理工程师通知单

C. 监理工程师通知回复单　　　　　　　D. 工程变更单

E. 会议通知单

(3)《中华人民共和国建筑法》规定，实施建筑工程监理前，建设单位应当将委托的（　　），书面通知被监理的建筑施工企业。

A. 监理单位　　　　　　　　　　　　　B. 监理内容

C. 监理范围　　　　　　　　　　　　　D. 监理目标

E. 监理权限

（4）《建设工程质量管理条例》规定，监理工程师应当按照工程监理规范的要求，采取（　　）等形式，对建设工程实施监理。

A. 巡视　　　　　　　　　　　　　　B. 工地例会

C. 设计与技术交底　　　　　　　　　D. 平行检验

E. 旁站

（5）《建设工程安全生产管理条例》规定，建设工程施工前，施工单位负责项目管理的技术人员应当对有关安全施工的技术要求向（　　）作出详细说明。

A. 监理工程师　　　　　　　　　　　B. 施工作业班组

C. 施工作业人员　　　　　　　　　　D. 现场安全员

E. 现场技术员

（6）《建设工程安全生产管理条例》规定，施工单位的（　　）应当经建设行政主管部门或者其他有关部门考核合格后方可任职。

A. 主要负责人　　　　　　　　　　　B. 技术负责人

C. 项目负责人　　　　　　　　　　　D. 工程技术人员

E. 专职安全生产管理人员

（7）《建设工程安全生产管理条例》规定，（　　）等特种作业人员，必须按照国家有关规定经过专门的安全作业培训，并取得特种作业操作资格证书后，方可上岗作业。

A. 垂直运输机械作业人员、安装拆卸工　B. 爆破作业人员

C. 起重信号工　　　　　　　　　　　D. 登高架设作业人员

E. 挖土作业人员

（8）《建设工程安全生产管理条例》规定，建设单位不得对（　　）等单位提出不符合建设工程安全生产法律、法规和强制性标准规定的要求，不得压缩合同约定的工期。

A. 规划　　　　　　　　　　　　　　B. 勘察

C. 设计　　　　　　　　　　　　　　D. 施工

E. 工程监理

码12-1　习题参考答案

项目 13　建设工程监理基本表式填写

📚 **知识目标**

1. 了解 B 类表——施工单位报审、报验用表；
2. 熟悉 C 类表——通用表；
3. 掌握 A 类表——工程监理单位用表。

📚 **能力目标**

1. 能对建设工程监理基本表式进行规范填写；
2. 能灵活应用各类表式开展监理工作；
3. 判断表格是否规范签字盖章。

🎙 **重点、难点、关键点**

1. 重点：会填写 A 类表——工程监理单位用表；
2. 难点：C 类表——通用表的应用；
3. 关键点：B 类表——施工单位报审、报验用表的回复。

✒ **教学过程**

一、任务导入

1. 问题导入

施工项目监理用表有哪些？

2. 引导思考

这些表格需要谁签字？谁盖章？

3. 引出

建设工程监理基本表式分为：A 类表——工程监理单位用表；B 类表——施工单位报审、报验用表；C 类表——通用表。

二、知识准备

1. 由总监理工程师签字并加盖执业印章的表式

（1）A.0.2 工程开工令；

（2）A.0.5 工程暂停令；

（3）A.0.7 工程复工令；

（4）A.0.8 工程款支付证书；

（5）B. 0. 1 施工组织设计或（专项）施工方案报审表；

（6）B. 0. 2 工程开工报审表；

（7）B. 0. 10 单位工程竣工验收报审表；

（8）B. 0. 11 工程款支付报审表；

（9）B. 0. 13 费用索赔报审表；

（10）B. 0. 14 工程临时或最终延期报审表。

2. 需要建设单位审批同意的表式

（1）施工组织设计或（专项）施工方案报审表（仅对超过一定规模的危险性较大的分部分项工程专项施工方案）；

（2）工程开工报审表；

（3）工程复工报审表；

（4）工程款支付报审表；

（5）费用索赔报审表；

（6）工程临时或最终延期报审表。

3. 需要施工项目经理签字并加盖施工单位公章的表式

（1）工程开工报审表；

（2）单位工程竣工验收报审表。

4. 基本要求

各类表中相关人员的签字栏均须由本人签字。由施工单位提供附件的，应在附件上加盖骑缝章。

各类表式应连续编号，不得重号、跳号。

各类表中施工项目经理部用章的样章应在项目监理机构和建设单位备案，项目监理机构用章的样章应在建设单位和施工单位备案。

（1）A 类表——工程监理单位用表格填写范例

1）总监理工程师任命书（表 13-1）

总监理工程师任命书：需要由工程监理单位法定代表人签字，并加盖单位公章。

表 A. 0. 1　总监理工程师任命书　　　　　　　　　　表 13-1

工程名称：××学校 2 号楼学生公寓　　　　　　　　　　编号：HF-001

致：××置业有限公司（建设单位）
兹任命×××（注册监理工程师注册号：×××××××××）为我单位××学校 2 号楼学生公寓项目总监理工程师。负责履行《建设工程监理合同》，主持项目监理机构工作。 　　　　　　　　　　　　　　　　　工程监理单位（盖章） 　　　　　　　　　　　　　　　　　法定代表人（签字）_____ 　　　　　　　　　　　　　　　　　　　　　2023 年 3 月 1 日

注：本表一式三份，项目监理机构、建设单位、施工单位各一份。

2）工程开工令（表 13-2）

建设单位代表对施工单位报送的《工程开工报审表》签署同意开工意见后，总监理工程师应签发《工程开工令》。《工程开工令》需要由总监理工程师签字，并加盖执业印章。

《工程开工令》中应明确具体开工日期，并作为施工单位计算工期的起始日期。

表 A.0.2　工程开工令　　　　　　　　　　　　　　　　表 13-2

工程名称：××学校 2 号楼学生公寓　　　　　　　　　　　　　　编号：HJ-001

致：××建设集团有限公司（施工单位）

　　经审查，本工程已具备施工合同约定的开工条件，现同意你方开始施工，开工日期为：2023 年 3 月 8 日。

　　附件：工程开工报审表

　　　　　　　　　　　　　　　　　　　　　　　　　项目监理机构（盖章）

　　　　　　　　　　　　　　　　　　总监理工程师（签字并加盖执业印章）＿＿＿＿＿

　　　　　　　　　　　　　　　　　　　　　　　　　　　　2023 年 3 月 5 日

注：本表一式三份，项目监理机构、建设单位、施工单位各一份。

3）监理通知单（表 13-3、表 13-4）

《监理通知单》是项目监理机构在日常监理工作中常用的指令性文件。项目监理机构在建设工程监理合同约定的权限范围内，针对施工单位出现的各种问题所发出的指令、提出的要求等，除另有规定外，均应采用《监理通知单》。监理工程师现场发出的口头指令及要求，也应采用《监理通知单》予以确认。

施工单位发生下列行为时，项目监理机构应签发《监理通知单》：

① 施工不符合设计要求、工程建设标准、合同约定；

② 使用不合格的工程材料、构配件和设备；

③ 施工存在质量问题或采用不适当的施工工艺，或施工不当造成工程质量不合格；

④ 实际进度严重滞后于计划进度且影响合同工期；

⑤ 未按专项施工方案施工；

⑥ 存在安全事故隐患；

⑦ 工程质量、造价、进度等方面的其他违法违规行为。

《监理通知单》应由总监理工程师或专业监理工程师签发，对于一般问题可由专业监理工程师签发，重大问题应由总监理工程师或经其同意后签发。

表 A.0.3　监理通知单　　　　　　　　　　　　　　　　表 13-3

工程名称：××学校 2 号楼学生公寓　　　　　　　　　　　　　　编号：TZ-005

致：××建设集团有限公司××学校 2 号楼学生公寓项目部（施工项目经理部）

　事由：关于基础梁板钢筋验收事宜

　内容：我部监理工程师在基础梁板钢筋安装验收过程发现现场钢筋安装存在以下问题：

　1.③轴～④轴基础梁处底板上层钢筋保护层过厚。

　2. 底板预埋件移位严重。

　3.⑤轴～⑥轴/Ⓔ轴～Ⓕ轴补强钢筋八字筋不满足设计要求长度。要求贵部立即对基础底板钢筋架设高度、预埋件位置及补强钢筋长度按设计要求进行整改，自检合格后再报送我部验收，整改未合格前不得进入下道工序施工。

　　　　　　　　　　　　　　　　　　　　　　　　　项目监理机构（盖章）

　　　　　　　　　　　　　　　　　　　　总/专业监理工程师（签字）＿＿＿＿＿

　　　　　　　　　　　　　　　　　　　　　　　　　　　　2023 年 5 月 10 日

注：本表一式三份，项目监理机构、建设单位、施工单位各一份。

表 A.0.3　监理通知单　　　　　　　　　　　　　　　　　　表 13-4

工程名称：××学校 2 号楼学生公寓　　　　　　　　　　　　　　　　编号：TZ-040

致：××建设集团有限公司××学校 2 号楼学生公寓项目部（施工项目经理部）

　　事由：关于防水卷材复试未完成已使用事宜

　　内容：我监理人员在现场巡视检查过程中发现，2023 年 10 月 18 日进场的防水卷材见证取样复试未完成，贵方已开始进行屋面防水工程施工，为了保证工程的施工质量，要求贵部立即停止屋面防水工程施工，待材料复试合格后报我部审核同意后再行施工。如复试不合格，则应拆除已施工的防水卷材。

项目监理机构（盖章）
总/专业监理工程师（签字）＿＿＿＿
2023 年 10 月 25 日

注：本表一式三份，项目监理机构、建设单位、施工单位各一份。

4）监理报告（表 13-5）

监理报告：项目监理机构发现工程存在安全事故隐患签发《监理通知单》《工程暂停令》而施工单位拒不整改或不停止施工时，项目监理机构应及时向有关主管部门报送《监理报告》。项目监理机构报送《监理报告》时，应附相应《监理通知单》或《工程暂停令》等证明监理人员履行安全生产管理职责的相关文件资料。

表 A.0.4　监理报告　　　　　　　　　　　　　　　　　　　表 13-5

工程名称：××学校 2 号楼学生公寓　　　　　　　　　　　　　　　　编号：BG-002

致：××市质量安全监督站（主管部门）

　　由××建设集团有限公司（施工单位）施工的××学校 2 号楼学生公寓基坑开挖工程南部（工程部位），存在安全事故隐患。我方已于 2023 年 4 月 20 日发出编号为：T-002 的《监理通知单》或《工程暂停令》，但施工单位未整改或停工。

　　特此报告。

　　附件：□监理通知单

　　　　　☑工程暂停令

　　　　　☑其他：基坑监测报告

项目监理机构（盖章）
总监理工程师（签字）＿＿＿＿
2023 年 4 月 22 日

注：本表一式四份，主管部门、建设单位、工程监理单位、项目监理机构各一份。

5）工程暂停令（表 13-6）

建设工程施工过程中出现《建设工程监理规范》GB/T 50319—2013 规定的停工情形时，总监理工程师应签发《工程暂停令》。《工程暂停令》中应注明工程暂停的原因、部位和范围、停工期间应进行的工作等。

《工程暂停令》需要由总监理工程师签字，并加盖执业印章。

总监理工程师签发工程暂停令的情形：

① 建设单位要求暂停施工且工程需要暂停施工的；

② 施工单位未经批准擅自施工或拒绝项目监理机构管理的；

③ 施工单位未按审查通过的工程设计文件施工的；

④ 施工单位违反工程建设强制性标准的；

⑤ 施工存在重大质量、安全事故隐患或发生质量、安全事故的。

总监理工程师签发工程暂停令，应事先征得建设单位同意。在紧急情况下未能事先报告时，应在事后及时向建设单位作出书面报告。

表 A.0.5　工程暂停令　　　　　　　　　　表 13-6

工程名称：××学校 2 号楼学生公寓　　　　　　　　　　　　　　　　　　　编号：T-002

致：××建设集团有限公司××学校 2 号楼学生公寓项目部（施工项目经理部）
由于××学校 2 号楼学生公寓工程基坑开挖导致基坑南侧管线竖向位移从 2023 年 4 月 17 日起连续 3 天超过设计警报原因，现通知你方于 2023 年 4 月 20 日 15 时起，暂停基坑开挖部位（工序）施工，并按下述要求做好后续工作。 　　要求：   　　　　　　　　　　　　　　　　　　　　　　　项目监理机构（盖章） 　　　　　　　　　　　　　　　　　　总监理工程师（签字并加盖执业印章）＿＿＿＿＿＿ 　　　　　　　　　　　　　　　　　　　　　　　　　　　　2023 年 4 月 20 日

注：本表一式三份，项目监理机构、建设单位、施工单位各一份。

6）旁站记录（表 13-7）

项目监理机构对工程关键部位、关键工序的施工质量进行现场跟踪监督时，需要填写《旁站记录》。"关键部位、关键工序"是指影响工程主体结构安全、完工后无法检测其质量的或返工会造成较大损失的部位及其施工过程。

表 A.0.6　旁站记录　　　　　　　　　　表 13-7

工程名称：××学校 2 号楼学生公寓　　　　　　　　　　　　　　　　　　　编号：PZ-010

旁站的关键部位、关键工序	一层梁、板混凝土浇筑	施工单位	××建设集团有限公司
旁站开始时间	2023 年 5 月 31 日 15 时 0 分	旁站结束时间	2023 年 6 月 1 日 4 时 20 分

旁站的关键部位、关键工序施工情况：
采用商品混凝土，4 根振动棒振捣，2 台平板振动器，现场有施工管理人员 3 名，班组长 2 名，施工作业人员 20 名，完成的混凝土数量共有 800m³，施工情况正常。 　　现场共做混凝土试块 10 组，其中 8 组标准养护，2 组同条件养护。 　　检查了施工单位现场人员到岗情况，施工单位能执行施工方案，核查了商品混凝土的强度等级和出厂合格证，结果情况正常。梁、板浇捣顺序严格按照方案执行。 　　现场抽查梁、板 C30 混凝土坍落度为 175mm、190mm、185mm、175mm（设计坍落度 180±30mm）。

发现问题及处理情况：
因 6 月 1 日凌晨 4 点开始下小雨，为避免混凝土表面的外观质量受影响，应做好防雨措施，进行表面覆盖。 　　　　　　　　　　　　　　　　　　　　　　旁站监理人员（签字）＿＿＿＿＿＿ 　　　　　　　　　　　　　　　　　　　　　　　　　　　2023 年 6 月 1 日

注：本表一式一份，项目监理机构留存。

7）工程复工令（表 13-8）

当暂停施工的原因消失、具备复工条件时，施工单位提出复工申请的，建设单位对施工单位报送的《工程复工报审表》上签署同意复工意见后，总监理工程师应签发《工程复工令》；或工程具备复工条件而施工单位未提出复工申请的，总监理工程师应根据工程实际情况直接签发《工程复工令》指令施工单位复工。

《工程复工令》需要由总监理工程师签字，并加盖执业印章。

表 A.0.7　工程复工令

工程名称：××学校 2 号楼学生公寓　　　　　　　　　　　　　　　　　　编号：F-001

表 13-8

致：××建设集团有限公司××学校 2 号楼学生公寓项目部（施工项目经理部）
我方发出的编号为 T-002《工程暂停令》，要求暂停基坑开挖部位（工序）施工，经查已具备复工条件。经建设单位同意，现通知你于 2023 年 4 月 24 日 8 时起恢复施工。 　　附件：复工报审表   　　　　　　　　　　　　　　　　　　　　　　　　项目监理机构（盖章） 　　　　　　　　　　　　　　　　　　　　　　　　总监理工程师（签字并加盖执业印章）＿＿＿＿＿ 　　　　　　　　　　　　　　　　　　　　　　　　　　　　　　　　　2023 年 4 月 23 日

注：本表一式三份，项目监理机构、建设单位、施工单位各一份。

8）工程款支付证书（表 13-9）

项目监理机构收到经建设单位签署同意支付工程款意见的《工程款支付报审表》后，总监理工程师应向施工单位签发《工程款支付证书》，同时抄报建设单位。

《工程款支付证书》需要由总监理工程师签字，并加盖执业印章。

表 A.0.8　工程款支付证书

工程名称：××学校 2 号楼学生公寓　　　　　　　　　　　　　　　　　　编号：ZF-002（支）

表 13-9

致：××建设集团有限公司（施工单位）
根据施工合同法规定，经审核编号为 ZF-002 工程款支付报审表，扣除有关款项后，同意支付该款项共计（大写）人民币肆佰贰拾万贰仟捌佰零贰元整（小写：￥4202802.00）。 　　其中： 　　1. 施工单位申报款为：4937257.00 元； 　　2. 经审核施工单位应得款为：4611038.00 元； 　　3. 本期应扣款为：408236.00 元； 　　4. 本期应付款为：4202802.00 元。 　　附件：工程款支付报审表（ZF-002）及附件   　　　　　　　　　　　　　　　　　　　　　　　　项目监理机构（盖章） 　　　　　　　　　　　　　　　　　　　　　　　　总监理工程师（签字并加盖执业印章）＿＿＿＿＿＿ 　　　　　　　　　　　　　　　　　　　　　　　　　　　　　　　　　2023 年 5 月 29 日

注：本表一式三份，项目监理机构、建设单位、施工单位各一份。

（2）B 类表——施工单位报审、报验用表格填写范例

1）施工组织设计或（专项）施工方案报审表（表 13-10、表 13-11）

施工单位编制的施工组织设计、施工方案、专项施工方案经其技术负责人审查后，需要连同《施工组织设计或（专项）施工方案报审表》一起报送项目监理机构。先由专业监理工程师审查后，再由总监理工程师审核签署意见。《施工组织设计或（专项）施工方案报审表》需要由总监理工程师签字，并加盖执业印章。对于超过一定规模的危险性较大的分部分项工程专项施工方案，还需要报送建设单位审批。

表 B.0.1　施工组织设计或（专项）施工方案报审表　　　　表 13-10

工程名称：××学校 2 号楼学生公寓　　　　　　　　　　　　　编号：SZ-003

致：××项目管理有限公司××学校 2 号楼学生公寓监理项目部（项目监理机构） 　　我方已完成××学校 2 号楼学生公寓工程施工组织设计或（专项）施工方案的编制，并按规定已完成相关审批手续，请予以审查。 　　附：☑施工组织设计 　　　　□专项施工方案 　　　　□施工方案 　　　　　　　　　　　　　　　　　　　　　　施工项目经理部（盖章） 　　　　　　　　　　　　　　　　　　　　　　项目经理（签字）＿＿＿＿ 　　　　　　　　　　　　　　　　　　　　　　　　　2023 年 3 月 2 日
审查意见： 　　1. 编审程序符合相关规定。 　　2. 本施工组织设计编制内容能够满足本工程施工质量目标、进度目标、安全生产和文明施工目标，均满足施工合同要求。 　　3. 施工平面布置满足工程质量进度要求。 　　4. 施工进度、施工方案及工程质量保证措施可行。 　　5. 资金、劳动力、材料、设备等资源供应计划与进度计划基本衔接。 　　6. 安全生产保障体系及采用的技术措施基本符合相关标准要求。 　　　　　　　　　　　　　　　　　　　　　　专业监理工程师（签字）＿＿＿＿ 　　　　　　　　　　　　　　　　　　　　　　　　　2023 年 3 月 3 日
审核意见： 　　同意专业监理工程师的意见，请严格按照施工组织设计组织施工。 　　　　　　　　　　　　　　　　　　　　　　项目监理机构（盖章） 　　　　　　　　　　　　　　　　　　　　　　总监理工程师（签字并加盖执业印章）＿＿＿＿ 　　　　　　　　　　　　　　　　　　　　　　　　　2023 年 3 月 4 日
审批意见（仅对超过一定规模的危险性较大分部分项工程专项方案）： 　　　　　　　　　　　　　　　　　　　　　　建设单位（盖章） 　　　　　　　　　　　　　　　　　　　　　　建设单位代表（签字）＿＿＿＿ 　　　　　　　　　　　　　　　　　　　　　　　　　年　　月　　日

　　注：本表一式三份，项目监理机构、建设单位、施工单位各一份。

表 B.0.1 施工组织设计或（专项）施工方案报审表 　　　　　　　　**表 13-11**

工程名称：××学校2号楼学生公寓　　　　　　　　　　　　　　　　　编号：SZ-004

致：××项目管理有限公司××学校2号楼学生公寓监理项目部（项目监理机构）
我方已完成**基坑开挖**工程施工组织设计或（专项）施工方案的编制，并按规定已完成相关审批手续，请予以审查。 　　附：☐施工组织设计 　　　　☑专项施工方案 　　　　☐施工方案 　　　　　　　　　　　　　　　　　　　　　施工项目经理部（盖章） 　　　　　　　　　　　　　　　　　　　　　项目经理（签字）＿＿＿＿＿ 　　　　　　　　　　　　　　　　　　　　　　　　2023 年 3 月 10 日
审查意见： 　　本方案专项施工方案于3月18日通过了专家评审，经审查，本方案已根据专家评审意见进行了修改。 　　　　　　　　　　　　　　　　　　　　　专业监理工程师（签字）＿＿＿＿＿ 　　　　　　　　　　　　　　　　　　　　　　　　2023 年 3 月 21 日
审核意见： 　　同意专业监理工程师意见，同意按修改完成后的方案实施，请建设单位审批。 　　　　　　　　　　　　　　　　　　　　　项目监理机构（盖章） 　　　　　　　　　　　　　　　　　　　总监理工程师（签字并加盖执业印章）＿＿＿＿＿ 　　　　　　　　　　　　　　　　　　　　　　　　2023 年 3 月 22 日
审批意见（仅对超过一定规模的危险性较大分部分项项目工程专项方案）： 　　请严格按照修改完成后的专项施工方案实施，保证现场施工安全。 　　　　　　　　　　　　　　　　　　　　　建设单位（盖章） 　　　　　　　　　　　　　　　　　　　　　建设单位代表（签字）＿＿＿＿＿ 　　　　　　　　　　　　　　　　　　　　　　　　2023 年 3 月 25 日

　　注：本表一式三份，项目监理机构、建设单位、施工单位各一份。

　　2）工程开工报审表（表 13-12）

　　单位工程具备开工条件时，施工单位需要向项目监理机构报送《工程开工报审表》。同时具备下列条件时，由总监理工程师签署审查意见，并报建设单位批准后，总监理工程师方可签发《工程开工令》：

　　① 设计交底和图纸会审已完成；

　　② 施工组织设计已由总监理工程师签认；

　　③ 施工单位现场质量、安全生产管理体系已建立，管理及施工人员已到位，施工机械具备使用条件，主要工程材料已落实；

　　④ 进场道路及水、电、通信等已满足开工要求。

　　《工程开工报审表》需要由总监理工程师签字，并加盖执业印章。

表 B.0.2 工程开工报审表 表 13-12

工程名称：××学校 2 号楼学生公寓 编号：HJ-B001

致：××置业有限公司（建设单位）
××项目管理有限公司××学校 2 号楼学生公寓项目部（项目监理机构） 　　我方承担的××学校 2 号楼学生公寓工程，已完成相关准备工作，具备开工条件，特申请于2023 年 3 月 8 日开工，请予以审批。 　　附件： 　　证明文件资料： 　　施工现场质量管理检查记录表 <div align="right">施工单位（盖章） 项目经理（签字）＿＿＿＿＿ 2010 年 3 月 4 日</div>
审核意见： 　　1. 本项目已进行设计交底及图纸会审，图纸会审的相关意见已经落实。 　　2. 施工组织设计已经项目监理机构审核同意。 　　3. 施工单位已建立相应的现场质量、安全生产管理体系。 　　4. 相关管理人员及特种施工人员资质已审查并已到位，主要施工机械已进场并验收完成，主要工程材料已落实。 　　5. 现场施工道路及水、电、通信及临时设施等已按施工组织设计落实。 　　经审查，本工程现场准备工作满足开工要求，请建设单位审批。 <div align="right">项目监理机构（盖章） 总监理工程师（签字并加盖执业印章）＿＿＿＿＿ 2023 年 3 月 5 日</div>
审批意见： 　　本工程已取得施工许可证，相关资金已经落实并按合同约定拨付施工单位，同意开工。 <div align="right">建设单位（盖章） 建设单位代表（签字）＿＿＿＿＿ 2023 年 3 月 6 日</div>

注：本表一式三份，项目监理机构、建设单位、施工单位各一份。

　　3）工程复工报审表（表 13-13）

　　当暂停施工的原因消失、具备复工条件时，施工单位提出复工申请的，应向项目监理机构报送《工程复工报审表》及有关材料。经审查符合要求的，总监理工程师应及时签署审查意见，并报建设单位批准后签发《工程复工令》。

表 B. 0. 3　工程复工报审表　　　　　　　　　　　　　　　　　　　表 13-13

工程名称：××学校 2 号楼学生公寓　　　　　　　　　　　　　　　　编号：FG-B001

致：××项目管理有限公司××学校 2 号楼学生公寓项目部（项目监理机构）
编号为<u>T-002</u>《工程暂停令》所停工的<u>基坑开挖</u>部位，现已满足复工条件，我方申请于<u>2023</u> 年 <u>4</u> 月 <u>24</u> 日复工，请予以审批。 附证明文件资料： 　　基坑监测报告   　　　　　　　　　　　　　　　　　　　　　施工项目经理部（盖章） 　　　　　　　　　　　　　　　　　　　　　项目经理（签字）＿＿＿＿ 　　　　　　　　　　　　　　　　　　　　　　　　　2023 年 4 月 23 日
审核意见： 　　施工单位采取了有效措施控制基坑变形，通过基坑监测数据分析，基坑南侧市政管线竖向位移已得到有效控制，具备开工条件，同意复工要求。   　　　　　　　　　　　　　　　　　　　　　项目监理机构（盖章） 　　　　　　　　　　　　　　　　　　　　　总监理工程师（签字）＿＿＿＿ 　　　　　　　　　　　　　　　　　　　　　　　　　2023 年 4 月 23 日
审批意见： 　　经审查，条件已具备，同意复工要求。   　　　　　　　　　　　　　　　　　　　　　建设单位（盖章） 　　　　　　　　　　　　　　　　　　　　　建设单位代表（签字）＿＿＿＿ 　　　　　　　　　　　　　　　　　　　　　　　　　2023 年 4 月 23 日

　　注：本表一式三份，项目监理机构、建设单位、施工单位各一份。

　　4）分包单位资格报审表（表 13-14）

　　施工单位按施工合同约定选择分包单位时，需要向项目监理机构报送《分包单位资格报审表》及相关证明材料。专业监理工程师对《分包单位资格报审表》提出审查意见后，由总监理工程师审核签认。

表 B.0.4 分包单位资格报审表   表 13-14

工程名称：××学校 2 号楼学生公寓   编号：FB-006

致：××项目管理有限公司学校××2 号楼学生公寓项目部（项目监理机构）

经考察，我方认为拟选择的 ××机电安装工程有限公司（分包单位）具有承担下列工程的施工或安装资质和能力，可保证本工程按施工合同专用合同条款第 3.5 条款的约定进行施工或安装。分包后，我方仍承担本工程合同的全部责任。请予以审查。

分包工程名称（部位）	分包工程量	分包工程合同额
智能建筑专业工程	包括综合布线、广播网络、楼宇自控、门禁、安防、机房工程、无线对讲、有线电视等全部智能建筑工程	250.00 万元
合计		250.00 万元

附：1. 分包单位资质材料：营业执照、资质证书、安全生产许可证等证书复印件。

　　2. 分包单位业绩材料：近 3 年类似工程施工业绩。

　　3. 分包单位专职管理人员和特种作业人员的资格证书：各类人员资格证书复印件 12 份。

　　4. 施工单位对分包单位的管理制度。

施工项目经理部（盖章）

项目经理（签字）＿＿＿＿

2023 年 4 月 10 日

审查意见：

经审查，××机电安装工程有限公司具备智能建筑专业施工资质，未超资质范围承担业务；已取得全国安全生产许可证，且在有效期内；各类人员资格均符合要求，人员配置满足工程施工要求；具有同类施工资历，且无不良记录。

专业监理工程师（签字）＿＿＿＿

2023 年 4 月 12 日

审核意见：

同意××机电安装工程有限公司进场施工。

项目监理机构（盖章）

总监理工程师（签字）＿＿＿＿

2023 年 4 月 15 日

注：本表一式三份，项目监理机构、建设单位、施工单位各一份。

5）施工控制测量成果报验表（表 13-15）

施工单位完成施工控制测量并自检合格后，需要向项目监理机构报送《施工控制测量成果报验表》及施工控制测量依据和成果表。专业监理工程师审查合格后予以签认。

表 B.0.5　施工控制测量成果报验表　　　　　　　　　　**表 13-15**

工程名称：××学校 2 号楼学生公寓　　　　　　　　　　　　　　　编号：CL-001

致：××项目管理有限公司××学校 2 号楼学生公寓项目部（项目监理机构） 　　我方已完成××学校 2 号楼学生公寓定位放线的施工控制测量，经自检合格，请予以验收。 　　附：1. 施工控制测量依据资料：规划红线、基准或基准点、引进水准点标高文件资料；总平面布置图。 　　　　2. 施工控制测量成果表，施工测量放线成果表。 　　　　3. 测量人员的资格证书及测量设备鉴定证书。 　　　　　　　　　　　　　　　　　　　施工项目经理部（盖章） 　　　　　　　　　　　　　　　　　　　项目技术负责人（签字）＿＿＿＿＿ 　　　　　　　　　　　　　　　　　　　　　　　　2023 年 3 月 9 日
审查意见： 　　经复核，控制网复核方位角传递均有两个方向，水平角观测误差均在原来的度盘上两次复测无误；距离测量符合要求。 　　应对工程基准点、基准线、主轴线控制点实施有效保护。 　　　　　　　　　　　　　　　　　　　项目监理机构（盖章） 　　　　　　　　　　　　　　　　　　　专业监理工程师（签字）＿＿＿＿＿ 　　　　　　　　　　　　　　　　　　　　　　　　2023 年 3 月 11 日

注：本表一式三份，项目监理机构、建设单位、施工单位各一份。

　　6）工程材料、构配件或设备报审表（表 13-16）

　　施工单位在对工程材料、构配件、设备自检合格后，应向项目监理机构报送《工程材料、构配件或设备报审表》及清单、质量证明材料和自检报告。专业监理工程师审查合格后予以签认。

表 B.0.6　工程材料、构配件或设备报审表　　　　　　　　**表 13-16**

工程名称：××学校 2 号楼学生公寓　　　　　　　　　　　　　　编号：HNT-005

致：××项目管理有限公司（项目监理机构） 　　于 2023 年 4 月 16 日进场的拟用于工程塔式起重机基础部位的 C35 混凝土，经我方检验合格，现将相关资料报上，请予以审查。 　　　　附件：1. 工程材料、构配件或设备清单。 　　　　　　　2. 质量证明书。 　　　　　　　3. 自检结果：合格。 　　　　　　　　　　　　　　　　　　　施工项目经理部（盖章） 　　　　　　　　　　　　　　　　　　　项目经理（签字）＿＿＿＿＿ 　　　　　　　　　　　　　　　　　　　　　　　　2023 年 4 月 16 日
审查意见： 　　符合要求：经审核，上述材料/构配件/设备质量证明文件齐全、有效，试验结果满足设计及规范要求，同意其进场使用。 　　　　　　　　　　　　　　　　　　　项目监理机构（盖章） 　　　　　　　　　　　　　　　　　　　专业监理工程师（签字）＿＿＿＿＿ 　　　　　　　　　　　　　　　　　　　　　　　　2023 年 4 月 16 日

注：本表一式二份，项目监理机构、施工单位各一份。

7）报验、报审表（表 13-17）

该表主要用于隐蔽工程、检验批、分项工程的报验，也可用于为施工单位提供服务的试验室的报审。专业监理工程师审查合格后予以签认。

表 B. 0. 7　**主楼 1F 柱梁、板钢筋安装工程检验批报审、报验表**　　表 13-17

工程名称：××学校 2 号楼学生公寓　　　　　　　　　　　　　　　编号：JYP-045

致：××项目管理有限公司××学校 2 号楼学生公寓监理项目部（项目监理机构） 　　我方已完成一层梁板钢筋安装工作，经自检合格，现将有关资料报上，请予以审查或验收。 　　附：□隐蔽工程质量检验资料 　　　　☑检验批质量检验资料：钢筋安装工程检验批质量验收记录表 　　　　□分项工程质量检验资料 　　　　□施工试验室证明资料 　　　　□其他   <div align="right">施工项目经理部（盖章）</div><div align="right">项目经理或项目技术负责人（签字）＿＿＿＿＿＿</div><div align="right">2023 年 5 月 29 日</div>
验收或验收意见： 　　经现场验收检查，钢筋安装质量符合设计和规范要求，同意进行下一道工序。   <div align="right">项目监理机构（盖章）</div><div align="right">专业监理工程师（签字）＿＿＿＿＿＿</div><div align="right">2023 年 5 月 30 日</div>

注：本表一式二份，项目监理机构、施工单位各一份。

8）分部工程报验表（表 13-18）

分部工程所包含的分项工程全部自检合格后，施工单位应向项目监理机构报送《分部工程报验表》及分部工程质量控制资料。在专业监理工程师验收的基础上，由总监理工程师签署验收意见。

表 B.0.8　分部工程报验表　　　　　　　　　　　　　表 13-18

工程名称：××学校2号楼学生公寓　　　　　　　　　　　　　　编号：FB-002

致：××项目管理有限公司××学校2号楼学生公寓监理项目部（项目监理机构）
我方已完成<u>主体结构工程</u>（分部工程），经自检合格，现将有关资料报上，请予以验收。 附件：分部工程质量控制资料 　1. 主体结构分部（子分部）工程质量验收记录。 　2. 单位（子单位）工程质量控制资料核查记录（主体结构分部）。 　3. 单位（子单位）工程安全和功能检验资料核查及主要功能抽查记录（主体结构分部）。 　4. 单位（子单位）工程感观质量检查记录（主体结构分部）。 　5. 主体混凝土结构子分部工程结构实体混凝土强度验收记录。 　6. 主体结构分部工程质量验收证明书。   　　　　　　　　　　　　　　　　　　　施工项目经理部（盖章） 　　　　　　　　　　　　　　　　　　　项目技术负责人（签字）＿＿＿＿ 　　　　　　　　　　　　　　　　　　　2023 年 10 月 15 日
验收意见： 　1. 主体结构工程施工已完成。 　2. 各分项工程所含的检验批质量符合设计和规范要求。 　3. 各分部工程所含的检验批质量验收记录完整。 　4. 主体结构安全和功能检验资料核查及主要功能抽查符合设计和规范要求。 　5. 主体结构混凝土外观质量符合设计和规范要求，未发现混凝土质量通病。 　6. 主体结构实体检测结果合格。   　　　　　　　　　　　　　　　　　　　专业监理工程师（签字）＿＿＿＿ 　　　　　　　　　　　　　　　　　　　2023 年 10 月 17 日
验收意见： 　　同意验收。   　　　　　　　　　　　　　　　　　　　项目监理机构（盖章） 　　　　　　　　　　　　　　　　　　　总监理工程师（签字）＿＿＿＿ 　　　　　　　　　　　　　　　　　　　2023 年 10 月 17 日

注：本表一式三份，项目监理机构、建设单位、施工单位各一份。

　9）监理通知回复（表 13-19、表 13-20）

　　施工单位在收到《监理通知单》并按要求进行整改、自查合格后，应向项目监理机构报送《监理通知回复》，回复整改情况，并附相关资料。

　　项目监理机构收到施工单位报送的《监理通知回复》后，一般可由原发出《监理通知单》的专业监理工程师进行核查，认可整改结果后予以签认。重大问题可由总监理工程师进行核查签认。

表 B.0.9　监理通知回复　　　　　　　　　　　　　　　　**表 13-19**

工程名称：××学校 2 号楼学生公寓　　　　　　　　　　　　　　编号：TZH-005

致：××项目管理有限公司××学校 2 号楼学生公寓监理项目部（项目监理机构） 　　我方接到编号为 TZ-05 的《监理通知单》后，已按要求完成相关工作，请予以复查。 　　附：需要说明的情况 　　根据项目监理机构所提出的要求，我司在接到通知后，立即对通知单中所提钢筋安装过程出现的问题进行整改： 　　1. 对于③～④轴处底板上层钢筋保护层过厚的问题，已通过增加钢筋支架数量、提高楼板上层钢筋标高的措施进行整改。 　　2. 预埋件整改到位。 　　3. 已按设计要求调整底板留洞（⑤～⑥轴/Ⓔ～Ⓕ轴）补强钢筋、八字筋。 　　以上几项内容均已按要求整改，自检符合要求，请项目监理机构复查。 　　附件：整改后图片 8 张。 　　　　　　　　　　　　　　　　　　　　　　　施工项目经理部（盖章） 　　　　　　　　　　　　　　　　　　　　　　　项目经理（签字）＿＿＿＿＿ 　　　　　　　　　　　　　　　　　　　　　　　2023 年 5 月 12 日
复查意见： 　　经复查验收，已对通知单中所提问题进行了整改，并符合设计和规范要求。要求在今后的施工过程中引起重视，避免此类问题的再发生。   　　　　　　　　　　　　　　　　　　　　　　　项目监理机构（盖章） 　　　　　　　　　　　　　　　　　　　　　　　总/专业监理工程师（签字）＿＿＿＿＿ 　　　　　　　　　　　　　　　　　　　　　　　2023 年 5 月 13 日

注：本表一式三份，项目监理机构、建设单位、施工单位各一份。

表 B.0.9　监理通知回复　　　　　　　　　　　　　　　　**表 13-20**

工程名称：××学校 2 号楼学生公寓　　　　　　　　　　　　　　编号：TZH-040

致：××项目管理有限公司××学校 2 号楼学生公寓监理项目部（项目监理机构） 　　我方接到编号为 TZ-040 的《监理通知单》后，已按要求完成相关工作，请予以复查。 　　附：需要说明的情况 　　根据项目监理机构所提出的要求，我司在接到通知后，立即停止该部位的防水卷材铺设施工，组织工人对卷材铺设基层做处理，并组织召开施工班交底，在卷材复试未合格前不得进行铺设施工。 　　　　　　　　　　　　　　　　　　　　　　　施工项目经理部（盖章） 　　　　　　　　　　　　　　　　　　　　　　　项目经理（签字）＿＿＿＿＿ 　　　　　　　　　　　　　　　　　　　　　　　2023 年 10 月 26 日
复查意见： 　　经巡视检查，已停止该部位的防水卷材施工，监理人员将跟踪检查。 　　　　　　　　　　　　　　　　　　　　　　　项目监理机构（盖章） 　　　　　　　　　　　　　　　　　　　　　　　总/专业监理工程师（签字）＿＿＿＿＿ 　　　　　　　　　　　　　　　　　　　　　　　2023 年 10 月 26 日

注：本表一式三份，项目监理机构、建设单位、施工单位各一份。

10）单位工程竣工验收报审表（表13-21）

单位（子单位）工程完成后，施工单位自检符合竣工验收条件后，应向项目监理机构报送《单位工程竣工验收报审表》及相关附件，申请竣工验收。总监理工程师在收到《单位工程竣工验收报审表》及相关附件后，应组织专业监理工程师进行审查并进行预验收，合格后签署预验收意见。

《单位工程竣工验收报审表》需要由总监理工程师签字，并加盖执业印章。

表 B.0.10　单位工程竣工验收报审表　　　　　　表 13-21

工程名称：××学校2号楼学生公寓　　　　　　　　　　　编号：TZH-A020

致：××项目管理有限公司××学校2号楼学生公寓监理项目部（项目监理机构） 　　我方已按施工合同要求完成××学校2号楼学生公寓工程，经自检合格，现将有关资料报上，请予以预验收。 　　附件：1. 工程质量验收报告：工程竣工报告。 　　　　　2. 工程功能检验资料： 　　　　　　　1）单位（子单位）工程质量施工验收记录； 　　　　　　　2）单位（子单位）工程质量资料核查记录； 　　　　　　　3）单位（子单位）工程安全和功能检验资料核查及主要功能抽查记录； 　　　　　　　4）单位（子单位）工程观感质量检查记录。   　　　　　　　　　　　　　　　　　　　　　　　　　施工单位（盖章） 　　　　　　　　　　　　　　　　　　　　　　　　　项目经理（签字）＿＿＿＿＿＿ 　　　　　　　　　　　　　　　　　　　　　　　　　2023 年 12 月 15 日
预验收意见： 　　经预验收，该工程合格，可以组织正式验收。   　　　　　　　　　　　　　　　　　　　　　　　　　项目监理机构（盖章） 　　　　　　　　　　　　　　　　　　　　　　　　　总监理工程师（签字并加盖执业印章）＿＿＿＿＿＿ 　　　　　　　　　　　　　　　　　　　　　　　　　2023 年 12 月 19 日

注：本表一式三份，项目监理机构、建设单位、施工单位各一份。

11）工程款支付报审表（表13-22）

该表适用于施工单位工程预付款、工程进度款、竣工结算款等的支付申请。项目监理机构对施工单位的申请事项进行审核并签署意见，经建设单位批准后方可由总监理工程师签发《工程款支付证书》。

表 B. 0. 11 工程款支付报审表　　　　　**表 13-22**

工程名称：××学校 2 号楼学生公寓　　　　　　　　　　编号：ZF-002

致：××项目管理有限公司××学校 2 号楼学生公寓监理项目部（项目监理机构） 　　我方已完成地基基础分部工程的验收工作，按合同约定，建设单位应在2023 年 5 月30 日前支付该项目工程款共（大写）人民币肆佰玖拾叁万柒仟贰佰伍拾柒元整（小写：￥4937257.00），现将有关资料报上，请予以审核。 　　附件： 　　☑已完成工程量报表：见附件。 　　□工程竣工结算证明材料。 　　☑相应的支付性证明文件：见附件。   <div align="right">施工项目经理部（盖章） 项目经理（签字）＿＿＿＿ 2023 年 5 月 27 日</div>
审查意见： 　　1. 施工单位应得款为：4611038.00 元。 　　2. 本期应扣款为：408236.00 元。 　　3. 本期应付款为：4202802.00 元。 　　附件：相应支持性材料。   <div align="right">专业监理工程师（签字）＿＿＿＿ 2023 年 5 月 29 日</div>
审核意见： 　　经审核，专业监理工程师审查结果正确，请建设单位审批。   <div align="right">项目监理机构（盖章） 总监理工程师（签字并加盖执业印章）＿＿＿＿ 2023 年 5 月 29 日</div>
审批意见： 　　同意监理意见，支付本次工程款共计人民币肆佰贰拾万贰仟捌佰零贰元整。   <div align="right">建设单位（盖章） 建设单位代表（签字）＿＿＿＿ 2023 年 5 月 29 日</div>

注：本表一式三份，项目监理机构、建设单位、施工单位各一份。

12）施工进度计划报审表（表 13-23）

该表适用于施工总进度计划、阶段性施工进度计划的报审。施工进度计划在专业监理工程师审查的基础上，由总监理工程师审核签认。

表 B. 0. 12　施工进度计划报审表

表 13-23

工程名称：××学校 2 号楼学生公寓　　　　　　　　　　　　　　　　　　　　编号：JH-001

致：<u>××项目管理有限公司××学校 2 号楼学生公寓监理项目部</u>（项目监理机构） 　　我方根据施工合同的有关规定，已完成<u>××学校 2 号楼学生公寓</u>工程施工进度计划的编制和批准，请予以审查。 　　　附件：☑施工中进度计划：工程总进度计划。 　　　　　　□阶段性进度计划   　　　　　　　　　　　　　　　　　　　　　　　　　　施工项目经理部（盖章） 　　　　　　　　　　　　　　　　　　　　　　　　　　　项目经理（签字）＿＿＿＿＿ 　　　　　　　　　　　　　　　　　　　　　　　　　　　　　2023 年 3 月 6 日
审查意见： 　　经审核，本工程总进度计划施工内容完整，总工期满足合同要求，符合国家相关工期管理规定，同意按此计划组织施工。   　　　　　　　　　　　　　　　　　　　　　　　　　　专业监理工程师（签字）＿＿＿＿＿ 　　　　　　　　　　　　　　　　　　　　　　　　　　　　　2023 年 3 月 7 日
审核意见： 　　同意按此施工进度计划组织施工。   　　　　　　　　　　　　　　　　　　　　　　　　　　项目监理机构（盖章） 　　　　　　　　　　　　　　　　　　　　　　　　　　总监理工程师（签字）＿＿＿＿＿ 　　　　　　　　　　　　　　　　　　　　　　　　　　　　　2023 年 3 月 8 日

　　注：本表一式三份，项目监理机构、建设单位、施工单位各一份。

　　13）费用索赔报审表（表 13-24）

　　施工单位索赔工程费用时，需要向项目监理机构报送《费用索赔报审表》。项目监理机构对施工单位的申请事项进行审核并签署意见，经建设单位批准后方可作为支付索赔费用的依据。《费用索赔报审表》需要由总监理工程师签字，并加盖执业印章。

表 B. 0. 13　费用索赔报审表　　　　　　　　　　　　**表 13-24**

工程名称：××学校 2 号楼学生公寓　　　　　　　　　　　编号：SP-002

致：××项目管理有限公司××学校 2 号楼学生公寓监理项目部（项目监理机构） 　　根据施工合同专用条款 16.1.2 第（4）（5）条款，由于甲供材料未及时进场，致使工程工期延误，且造成我方现场施工人员停工的原因，我方申请索赔金额（大写）<u>人民币叁万伍仟元</u>，请予批准。 　　索赔理由：<u>因甲供进口大理石石料未按时到货，造成我司现场施工人员窝工，及其他后续工序无法进行。</u> 　　附件：□索赔金额的计算 　　　　　□证明材料   　　　　　　　　　　　　　　　　　　　　　　　　　　施工项目经理部（盖章） 　　　　　　　　　　　　　　　　　　　　　　　　　　　项目经理（签字）＿＿＿＿＿ 　　　　　　　　　　　　　　　　　　　　　　　　　　　　　　2023 年 11 月 15 日
审核意见： 　　□不同意此项索赔 　　☑同意此项索赔，索赔金额为（大写）<u>人民币壹万叁仟伍佰元整。</u> 　　同意/不同意索赔的理由：<u>由于停工 10 天中有 3 天为施工单位应承担的责任，另外有 2 天虽为开发商应承担的</u> <u>责任，但不影响机械使用及人员可安排别的工作，此 2 天只需赔付人工降效费，只有 5 天须赔付机械租赁费及人员</u> <u>窝工费。</u> 　　5×（1000＋15×100）＋2×10×50＝13500 元 　　注：根据协议机械租赁费每天按 1000 元计算、人员窝工每天按 100 元计算、人工降效费每天按 50 元计算。 　　附件：□索赔审查报告   　　　　　　　　　　　　　　　　　　　　　　　　　　项目监理机构（盖章） 　　　　　　　　　　　　　　　　　　　　　　　　　　总监理工程师（签字）＿＿＿＿＿ 　　　　　　　　　　　　　　　　　　　　　　　　　　　　　2023 年 11 月 18 日
审批意见： 　　同意监理意见。   　　　　　　　　　　　　　　　　　　　　　　　　　　　建设单位（盖章） 　　　　　　　　　　　　　　　　　　　　　　　　　建设单位代表（签字）＿＿＿＿＿ 　　　　　　　　　　　　　　　　　　　　　　　　　　　　2023 年 11 月 25 日

　　注：本表一式三份，项目监理机构、建设单位、施工单位各一份。

　　14）工程临时或最终延期报审表（表 13-25）

　　施工单位申请工程延期时，需要向项目监理机构报送《工程临时或最终延期报审表》。项目监理机构对施工单位的申请事项进行审核并签署意见，经建设单位批准后方可延长合同工期。《工程临时或最终延期报审表》需要由总监理工程师签字，并加盖执业印章。

表 B.0.14　工程临时或最终延期报审表　　　　　　　　　**表 13-25**

工程名称：××学校 2 号楼学生公寓　　　　　　　　　　　　　　编号：YQ-001

致：××项目管理有限公司××学校 2 号楼学生公寓监理项目部（项目监理机构）
根据施工合同第 2.4 条、第 7.5 条（条款），由于非我方原因停水、停电，我方申请工程临时/最终缓期 2 （日历天），请予批准。 　　附件： 　　1. 工程延期依据及工期计算：16 小时/8 小时＝2 天； 　　2. 证明材料：（1）停水通知/公告；（2）停电通知/公告。   　　　　　　　　　　　　　　　　　　　　　　　　施工项目经理部（盖章） 　　　　　　　　　　　　　　　　　　　　　　　　项目经理（签字）_____ 　　　　　　　　　　　　　　　　　　　　　　　　2023 年 12 月 1 日
审核意见： 　　☑同意临时或最终延长工期 2 日历天。工程竣工日期从施工合同约定的 2023 年 12 月 18 日延迟到 2023 年 12 月 20 日。 　　□不同意延长工期，请按约定竣工日期组织施工。   　　　　　　　　　　　　　　　　　　　　　　　　项目监理机构（盖章） 　　　　　　　　　　　　　　　　　　　　　　　　总监理工程师（签字并加盖执业印章）_____ 　　　　　　　　　　　　　　　　　　　　　　　　2023 年 12 月 2 日
审批意见： 　　同意临时延长工程工期 2 天。   　　　　　　　　　　　　　　　　　　　　　　　　建设单位（盖章） 　　　　　　　　　　　　　　　　　　　　　　　　建设单位代表（签字）_____ 　　　　　　　　　　　　　　　　　　　　　　　　2023 年 12 月 3 日

　　注：本表一式三份，项目监理机构、建设单位、施工单位各一份。

　　（3）通用表格（C 类表）填写范例

　　1）工作联系单（表 13-26）

　　该表用于项目监理机构与工程建设有关方（包括建设、施工、监理、勘察、设计等单位和上级主管部门）之间的日常工作联系。有权签发《工作联系单》的负责人有：建设单位现场代表、施工单位项目经理、工程监理单位项目总监理工程师、设计单位本工程设计负责人及工程项目其他参建单位的相关负责人等。

表 C.0.1　工程联系单　　　　　　　表 13-26

工程名称：××学校 2 号楼学生公寓

致：××置业有限公司
我公司承建的××学校 2 号楼学生公寓工程施工目前存在以下疑义： 　1. 是否进行外墙保温施工？若不做保温，是否采用 2cm 厚 1：3 水泥砂浆进行粉刷？ 　2. 屋面是否参照前期贵单位下发的不上人屋面的做法通知单进行施工？ 　请建设单位尽快确定并以书面形式下发通知单。 　　　　　　　　　　　　　　　　　　　　　发文单位（盖章） 　　　　　　　　　　　　　　　　　　　　　　负责人（签字）_____ 　　　　　　　　　　　　　　　　　　　　　　　　　　年　月　日

2）工程变更单（表 13-27）

施工单位、建设单位、工程监理单位提出工程变更时，应填写《工程变更单》，由建设单位、设计单位、监理单位和施工单位共同签认。

表 C.0.2　工程变更单　　　　　　　表 13-27

工程名称：××学校 2 号楼学生公寓　　　　　　　　　　　　　　　　编号：BG-010

致：××置业有限公司、××建筑设计研究院、××项目管理有限公司××学校 2 号楼学生公寓监理项目部	
由于φ12 钢筋不能及时供货原因，兹提出工程 2 层、3 层楼板钢筋改用φ12 钢筋替代的工程变更，请予以审批。 　附件： 　☑变更内容 　☑变更设计图 　☑相关会议纪要 　□其他 　　　　　　　　　　　　　　　　　　　　变更提出单位（盖章） 　　　　　　　　　　　　　　　　　　　　　　负责人_____ 　　　　　　　　　　　　　　　　　　　　　2023 年 6 月 5 日	
工程数量增或减	无
费用增或减	无
工期变化	无
同意 施工项目经理部（盖章） 　项目经理（签字）_____	同意 设计单位（盖章） 　设计负责人（签字）_____
同意 项目监理机构（盖章） 　总监理工程师（签字）_____	同意 建设单位（盖章） 　负责人（签字）_____

注：本表一式四份，建设单位、项目监理机构、设计单位、施工单位各一份。

3）索赔意向通知书（表 13-28）

施工过程中发生索赔事件后，受影响的单位依据法律法规和合同约定，向对方单位声明或告知索赔意向时，需要在合同约定的时间内报送《索赔意向通知书》。

表 C.0.3　索赔意向通知书　　　　　　　　　　　表 13-28

工程名称：××学校 2 号楼学生公寓　　　　　　　　　　　　　　编号：SPTZ-002

致：××置业有限公司
××项目管理有限公司××学校 2 号楼学生公寓监理项目部
根据《建设工程施工合同》专用合同条款第 16.1.2 第（4）、（5）（条款）的约定，由于发生了甲供材料未及时进场，致使工程工期延误，且造成我方现场施工人员窝工事件，且该事件的发生非我方原因所致。为此，我方向××置业有限公司（单位）提出索赔要求。
附件：索赔事件资料
提出单位（盖章）
负责人（签字）＿＿＿＿＿
2023 年 11 月 6 日

项目14 应用训练任务书和指导书

一、应用训练任务书

1. 应用训练的目的、要求和任务

编制建设工程监理规划和监理实施细则是学生学完"建设监理职业理论与法规"等专业理论课程后的一个重要的应用考核环节,目的是运用已学知识,结合工程实践进行专项能力训练。

本专项能力训练要求学生根据指导教师选定的实际工程项目,编制单位工程监理规划和静压预应力管桩、钻孔灌注桩监理实施细则。

通过本训练,应使学生能在毕业后尽快适应工地现场的监理工作,加强实践动手能力,提高学生的监理工作水平。掌握监理规划和监理细则的编制步骤、主要格式和内容。掌握监理规划中的监理工程项目概况、监理依据、监理工作范围、"四控两管一协调"的工作内容、监理工作目标、监理组织结构、人员岗位职责、人员配备计划、监理工作程序、监理工作方法和措施、监理工作制度、监理设施等主要内容。掌握监理实施细则中工程项目概况、专业工程特点、监理工作流程、监理工作的控制要点及目标监理工作的方法及措施的主要内容。要求学生能综合运用所学的监理专业知识来分析问题、解决问题,培养独立思考、操作的能力。

监理规划以学生跟踪实践的某个工程项目为背景,上述"二类桩"监理实施细则可以某个工程项目或由教师给定工程项目为背景。

2. 监理规划

(1)监理规划的编制应针对项目的实际情况,明确项目监理机构的工作目标,确定具体的监理工作制度、程序、方法和措施,并应具有可操作性。

(2)监理规划编制的程序与依据应符合下列规定:

1)监理规划应在签订委托监理合同及收到设计文件后开始编制,完成后必须经监理单位技术负责人审核批准,并应在召开第一次工地会议前报送建设单位;

2)监理规划应由总监理工程师主持,专业监理工程师参加编制;

3)编制监理规划的依据:建设工程的相关法律、法规及项目审批文件;与建设工程项目有关的标准、设计文件、技术资料;监理大纲、委托监理合同文件以及与建设工程项目相关的合同文件。

(3)在监理工作实施过程中,如实际情况或条件发生重大变化而需要调整监理规划时,应由总监理工程师组织专业监理工程师研究修改,按原报审程序经过批准后报建设单位。

3. 监理实施细则

(1)对中型及以上或专业性较强的工程项目,项目监理机构应编制监理实施细则。监理实施细则应符合监理规划的要求,并应结合工程项目的专业特点,做到详细具体、具有可操作性。

（2）监理实施细则的编制程序与依据应符合下列规定：

1）监理实施细则应在相应工程施工开始前编制完成，并必须经总监理工程师批准；

2）监理实施细则应由专业监理工程师编制；

3）编制监理实施细则的依据：已批准的监理规划、与专业工程相关的标准、设计文件和技术资料、施工组织设计。

4. 考核评价

① 考核方式

应用训练过程与最终成果相结合，按 100 分制考查，其中应用训练过程考核占 30％，最终成果考核占 70％。

② 考核内容与评价（表 14-1）

考核内容与评价表　　　　　　　　　　　　　　　　表 14-1

评价方式	评价具体内容		项目实得分	百分制小计	权重	折算分
监理规划应用训练过程（30分）	出勤	5％			50％	
	学习态度	10％				
	可操作性	15％				
监理规划最终成果（70分）	完成内容完整性	20％				
	完成内容准确性	30％				
	完成内容创新性	20％				
监理实施细则应用训练过程（30分）	出勤	5％			50％	
	学习态度	10％				
	可操作性	15％				
监理实施细则最终成果（70分）	完成内容完整性	20％				
	完成内容准确性	30％				
	完成内容创新性	20％				
应用训练成绩合计					100％	

二、应用训练指导书

1. 监理规划

（1）学习目标

熟悉一般建筑工程监理规划的编制内容；掌握一般建筑工程监理规划的编制方法，同时进一步掌握建设工程监理组织、监理内容及监理方法与措施，具备编制一般建筑工程监理规划的能力，为顶岗工作奠定坚实的基础。

（2）学习要求（表 14-2）

学习要求表　　　　　　　　　　　　　　　　表 14-2

能力目标	知识要点	权重	自测分数
锻炼进一步识读施工图纸的能力；掌握监理规划需要撰写的内容	工程项目概况	10％	

能力目标	知识要点	权重	自测分数
熟悉投标文件中的监理工作范围	监理工作范围	5%	
熟悉各阶段监理工作的主要内容； 掌握施工阶段"四控制、两管理、一协调"的内容	监理工作内容	10%	
熟悉建设工程合同和监理合同中相关内容要求，掌握四大控制目标	监理工作目标	5%	
熟悉监理工作法规、规范、规程； 熟悉监理合同及设计文件	监理工作依据	5%	
能根据工程和公司实际选择项目监理机构的组织形式，根据工程实际进行人员配备	项目监理机构的组织形式	10%	
能根据工程实际和工程进度进行人员配备	项目监理机构人员配备计划	10%	
能按照工程建设阶段和建设工程的情况确定监理人员的基本职责	项目监理机构人员岗位职责	5%	
能根据不同的监理内容制定不同的监理程序	监理工作程序	10%	
掌握"四控制、两管理、一协调"的工作方法与措施	监理工作方法与措施	15%	
能根据需要制定合适的工作制度	监理工作制度	10%	
能根据监理合同选择必要的监理设施	监理设施	5%	

监理规划是监理单位实现项目目标管理的一份内部文件。监理单位接受监理任务后，根据工程情况组成项目监理班子，在总监理工程师领导下组织各专业监理工程师对工程项目分析研究，根据工程特点及监理程序制定内部管理办法及目标。

它的重点在于分析工程的重点部位及可能出现的隐患，制定有预见性的监控方法，建立相应的监理工作制度。监理规划较监理大纲更详细、具体，如同设计文件中"初步设计"的作用，它的着眼点是监理方法及技术要求。

项目监理规划的内容应该解决工程项目监理的"5W2H"问题，即：

1）Why（为什么）：为什么需要做此项监理工作？

2）What（做什么）：做此项监理工作的目的是什么？做哪些工作？

3）Where（在何处做）：从何处入手？何地最适宜？

4）When（何时做）：何时最适宜做？何时完成？

5）Who（何人去做）：谁来做？谁来完成？谁最适合去做？

6）How（如何做）：怎样去做？怎样实施？怎样做效率最高？

7）How much（做多少）：要求达到什么量？什么程序？

（3）监理规划的编写

监理规划是总监理工程师和专业监理工程师及项目机构充分分析和研究建设工程项目的目标、技术、管理、环境及参与工程的各方等方面的情况下制定的。监理规划是在总监理工程师的主持下，专业监理工程师共同编写。监理规划编写要求：基本内容要统一，包括目标规划、监理工作范围、监理组织、目标控制、合同管理和信息管理。

（4）监理规划的主要内容

1）工程项目概况

要求编写内容简明，将工程内容反映清楚，包括工程基本情况表、建筑概况表、结构概况表、装饰装修工程概况表等。

① 工程基本情况表（表14-3）

工程基本情况表　　　　　　　　　　　　　　　表 14-3

工程名称	××大厦			
工地地点	××省××市××路南××路东			
工程性质	集商业、住宅于一体的综合性建筑			
建设单位	××渔业有限公司			
设计单位	××市建筑设计研究院			
监理单位	××市建设监理有限公司			
施工承包	××市建筑工程总公司			
开工日期	2022年12月1日	工期天数	776日历天	
质量等级	合格	合同价款	1.1887亿元	承包方式	总承包

② 建筑概况表（表14-4）

建筑概况表　　　　　　　　　　　　　　　表 14-4

序号	项目	内容
1	建筑特点	整个建筑下部为商场，上部为高层住宅，在沿海地区，富有现代感
2	建筑面积	本工程总用地面积 42580.69m²，总建筑面积 59435m²，其中地下 5606m²，地上 53829m²，建筑基础底面积 4018.40m²，容积率为 1.77
3	建筑层数	本工程地下一层为设备层，地上 1～3 层为商场，4～31 层为住宅
4	建筑层高	商场：4.5m；住宅：3.2m
5	建筑高度	建筑高度为 97.50m
6	±0.000	38.32m（绝对标高）
7	室内外高差	0.45m
8	场地设计标高	19.25m
9	建筑等级	一级
10	人防等级	6级
11	抗震设防等级	7度
12	建筑耐火等级	一级
13	防水等级	设备层、屋面：1级
14	功能性质	办公、商业和住宅

③ 结构概况表（表14-5）

结构概况表　　　　　　　　　　　　　　　　　　表 14-5

序号	项目	内容
1	结构形式	基础结构形式：桩基础，梁板式筏板基础；主体结构形式：钢筋混凝土框架剪力墙；屋盖结构形式：现浇混凝土结构
2	土质、水位	详见地勘报告
3	建筑物结构特征	本工程地下一层为设备层，地上 1～3 层为商场，4～31 层为住宅
4	地下防水系统	混凝土自防水
5	混凝土强度等级	C30
6	抗震等级	工程设防烈度：7 度；框架抗震等级：一级；剪力墙抗震等级：一级
7	钢筋类别	非预应力钢筋：HPB300、HRB400、RRB400
8	钢筋接头形式	机械连接或焊接：$d \geqslant 22mm$；搭接绑扎：$d < 22mm$
9	结构断面尺寸	基础地板厚度 1200mm
		基础墙板厚度 300mm

④ 装饰装修工程概况表（表 14-6）

装饰装修工程概况表　　　　　　　　　　　　　　表 14-6

序号	项目		内容
1	室内装修	楼地面	水泥、地砖、防滑地砖、细石混凝土、瓷砖、大理石、金属骨料耐磨复合涂料
2		墙面	耐擦洗涂料、防火性乳胶漆、陶瓷砖
3		顶棚	穿孔金属板吸声吊顶
4		门窗	铝框玻璃门、木门、铝合金推拉窗
5	室外墙装修		商场部分采用铝框玻璃幕墙，住宅部分采用防水外墙涂料

2）监理工作范围

施工准备阶段和施工阶段监理工作。

3）监理工作内容

要求编写施工准备阶段和施工阶段监理的主要内容，主要内容包括施工准备阶段和施工阶段的质量控制、进度控制、造价控制、合同管理、信息管理和其他组织协调工作，安全控制、安全文明施工等内容。可以参考合同中的以下内容：

① 施工阶段的质量控制

熟悉施工图，参加设计交底会议，提出相关建议或意见。

审查和批准施工组织设计，核实并签发施工必须遵循的设计要求、采用的技术标准、技术规程规范等质量文件。

审批工程项目单位工程、分部分项工程和检验批的划分，并依据监理规划分析、调整和确定质量控制重点、质量控制工作流程和监理措施，制定质量控制的各项实施细则、规定及其他管理制度。

检查督促承包人建立健全的适合于本工程的质量管理体系，并能切实发挥作用，督促承包人进行全面质量管理工作。

协助委托人移交与项目施工有关的测量控制网点；审查承包人提交的测量实施报告，

并依据监理规范要求检查和复核有关测量成果。

审查承包人自建的试验室或委托试验的试验室；审查批准承包人按合同规定进行的材料、工艺试验及确定各项施工参数的试验。

审查进场工程材料的质量证明文件及承包人按有关规定进行的试验检测结果。必要时，监理人可按合同约定进行一定数量的抽样检测试验。

对施工质量进行全过程的监督管理，在加强现场管理工作的前提下对重要部位、隐蔽工程和关键工序应采取旁站监理；对施工质量情况及时做好记录和统计工作，对发现质量问题的施工现场及时进行拍照或录像。

组织或参与质量事故的调查，审批事故处理方案，并监督质量事故的处理。

组织并主持定期或不定期的质量检查会和分析会，分析、通报施工质量情况，协调有关单位间的施工活动以消除影响质量的各种外部干扰因素。

对工程项目的检验批、分部分项工程、单位工程等及时进行施工质量验收和质量评定工作。

审查竣工资料，组织竣工预验收。

参与委托人组织的竣工验收，提交质量评估报告。

② 施工阶段的造价控制

审核招标文件和合同文件中有关投资的条款。

审核、分析各投标单位的投标报价。

编制施工阶段各年度、季度、月度资金使用计划并控制其执行。

利用专业投资控制软件每月进行投资计划值与实际值的比较，并提供各种报表。

工程付款审核。

审核其他付款申请单。

审核及处理各项施工索赔中与资金有关的事宜。

③ 施工阶段的进度控制

熟悉招标文件和合同文件中有关进度的条款。

审核、分析各投标单位的进度计划。

审核施工总进度计划，并在项目施工过程中控制其执行，必要时，及时调整施工总进度。

审核项目施工各阶段、年、季、月度的进度计划，并控制其执行，必要时作调整。

在项目实施过程中，用计算机进行进度计划值与实际值的比较，每月、季、年提交各种进度控制报告。

④ 施工阶段的合同管理

合理划分子项目，明确各子项目的范围。

确定项目的合同结构，绘制项目合同结构图。

协助委托方处理有关索赔事宜，并处理合同纠纷。

进行各类合同的跟踪管理并定期提供合同管理的各种报告。

⑤ 施工阶段的信息管理

进行各种工程信息的收集、整理、存档。

定期提供各类工程项目管理报表。

建立工程会议制度。

督促各施工单位整理工程技术资料。

⑥ 施工阶段的组织与协调

检查施工许可等手续的办理情况，向委托人提交检查报告。

审查工程开工条件，检查施工前的各项准备工作。

复核和审查施工单位、分包单位以及材料、设备、构配件等供应单位的资格。

组织、协调委托人与施工单位之间的关系。

⑦ 施工阶段的风险管理

制定风险管理策略。

在合同中采取有利的反索赔方案。

制定合理的工程保险投保方案。

工程变更管理。

协助处理索赔及反索赔事宜。

协助处理与保险有关的事宜。

⑧ 施工阶段的现场安全文明管理

审核施工安全专项方案，督促施工单位落实安全保证体系。

督促施工单位履行施工安全、文明保障义务。

组织工地安全检查。

制定项目委托人的应急措施。

协助处理安全事故。

组织工地卫生及文明施工检查。

协调处理工地的各种纠纷。

组织落实工地的保卫及产品保护工作。

⑨ 保修阶段服务内容

协助委托人与施工单位签订保修协议。

制订保修阶段工作计划。

定期检查项目使用和运行情况。

检查和记录工程质量缺陷，对缺陷原因进行调查分析并确定责任归属，下达指令要求承包人进行修复。

审核质量缺陷修复方案，监督修复过程并进行验收。

审核签署修复费用，并报委托人批准支付。

整理保修阶段的各项资料。

4）监理工作目标

监理工作目标是指在工程项目监理过程中，监理单位所要达到的具体要求和预期结果。编写监理工作目标时，应考虑以下几个方面：

质量控制目标：确保工程质量满足设计文件和施工合同的要求，达到预期的使用功能和性能标准。

进度控制目标：保证工程按照施工合同规定的进度计划顺利进行，确保关键节点和总工期的达成。

造价控制目标：将造价控制在预算范围内，防止不必要的工程变更和索赔，确保投资效益最大化。

安全控制目标：确保施工过程中的安全，防止安全事故的发生，保障人员生命财产安全。

合同管理目标：严格执行合同条款，维护双方的合法权益，确保合同履行顺利。

协调工作目标：有效协调各参建单位之间的工作关系，解决施工过程中的矛盾和问题，保证工程顺利进行。

编写监理工作目标时，应具体、明确，具有可操作性和可测量性，同时要符合国家和行业的相关法律、法规及标准、规范要求。

监理工作目标的设定应与工程项目的实际情况相结合，根据项目的特点、规模、复杂程度等因素进行具体细化，以确保监理工作的有效性和目标的实现。

5）监理工作依据

政府批文、监理合同、监理招标投标书、其他有关合同、建设工程的相关法律、法规，与建设工程项目有关的标准、规范、设计文件、技术资料；地方性建设工程监理管理条例等。

6）项目监理机构的组织形式

项目组织的负责人应为总监理工程师，由各专业监理工程师和监理员组成，要求用组织结构图的形式编写项目监理机构的组织（图14-1）。

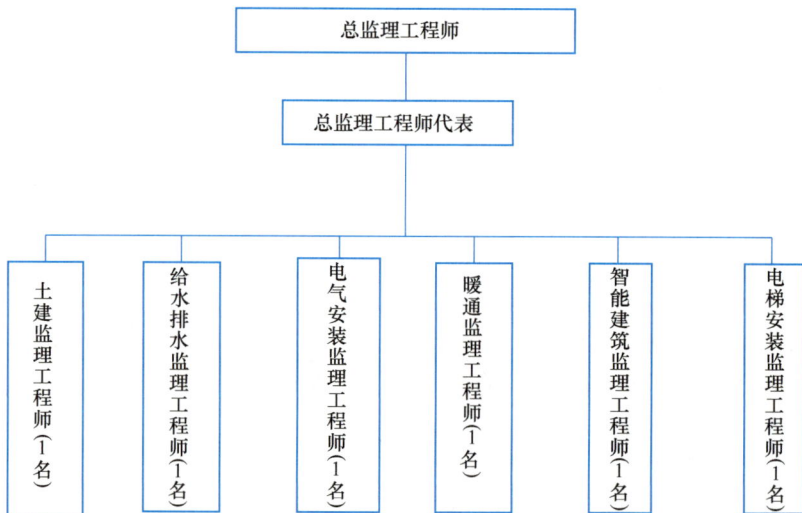

图14-1　项目监理机构的组织形式

7）项目监理机构的人员配备计划

项目组织的负责人应为总监理工程师，各专业监理工程师和监理员要满足工程专业配套的要求或合同中的约定，要求用横道图来描述。

8）项目监理机构的人员岗位职责

总监理工程师、总监理工程师代表、专业监理工程师、监理员岗位职责，参照现行《建设工程监理规范》GB/T 50319—2013。

9）监理工作程序

按流程图的方式编写监理工作程序，如图 14-2 所示。

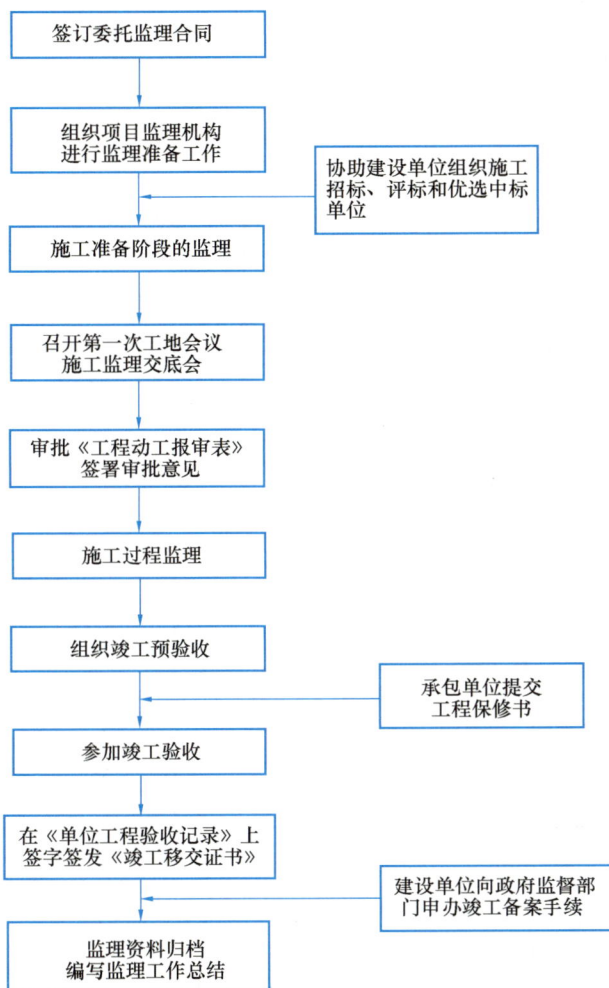

```
┌─────────────────┐
│   签订委托监理合同   │
└─────────────────┘
         │
         ▼
┌─────────────────┐        ┌─────────────────┐
│  组织项目监理机构   │        │ 协助建设单位组织施工 │
│  进行监理准备工作   │◄───────│ 招标、评标和优选中标 │
└─────────────────┘        │ 单位            │
         │                 └─────────────────┘
         ▼
┌─────────────────┐
│   施工准备阶段的监理  │
└─────────────────┘
         │
         ▼
┌─────────────────┐
│  召开第一次工地会议  │
│  施工监理交底会    │
└─────────────────┘
         │
         ▼
┌─────────────────┐
│ 审批《工程动工报审表》│
│  签署审批意见      │
└─────────────────┘
         │
         ▼
┌─────────────────┐
│    施工过程监理    │
└─────────────────┘
         │
         ▼
┌─────────────────┐
│   组织竣工预验收    │
└─────────────────┘
         │                 ┌─────────────────┐
         │                 │  承包单位提交     │
         ▼                 │  工程保修书       │
┌─────────────────┐        └─────────────────┘
│    参加竣工验收    │
└─────────────────┘
         │
         ▼
┌─────────────────┐
│ 在《单位工程验收记录》上│
│ 签字签发《竣工移交证书》│
└─────────────────┘
         │                 ┌─────────────────┐
         │                 │ 建设单位向政府监督部 │
         ▼                 │ 门申办竣工备案手续   │
┌─────────────────┐        └─────────────────┘
│    监理资料归档    │
│  编写监理工作总结   │
└─────────────────┘
```

图 14-2　监理工作程序

10）监理工作方法及措施

监理工作方法及措施应该结合项目实际情况，考虑各种因素，确保方法的合理性和可操作性。同时，应该积极总结和改进，不断提高监理工作的水平和效果，重点围绕完成监理项目目标。按事前控制、事中控制、事后控制方法及采用组织、技术、合同等措施来控制，主要的工序、关键部位要设置质量控制点，如梁柱节点、钢结构焊接等。在隐蔽工程前对混凝土浇筑、钢筋梁柱节点、钢结构安装、防水工程、回填土应有监理旁站措施等。

11）监理工作制度

① 设计文件、图纸审核制度；

② 施工开工申请审批制度；

③ 工程材料、半成品质量检验制度；

④ 隐蔽工程、分项、分部工程质量验收制度；

⑤ 工程变更处理制度；

⑥ 总监理工程师负责制度；

⑦ 工程质量事故处理制度；

⑧ 竣工验收制度；

⑨ 监理日志、监理例会制度；

⑩ 监理旁站制度。

12）监理设施

监理设施主要是用于工程检查、验收的仪器和设备，房屋建筑工程设备配置见表14-7。

房屋建筑工程设备配置 表14-7

序号	设备名称	数量	备注
1	激光经纬仪	1部	随时调用
2	水准仪	1部	随时调用
3	常规检测工具包	1套	放在现场
4	计算机	1台	放在现场
5	打印机	1台	放在现场
6	钢卷尺	6把	放在现场
7	照相机	1部	根据工作需要调用
8	万用表	1部	放在现场
9	接地电阻仪	1套	放在现场
10	回弹仪	1套	放在现场
11	游标卡尺	1套	放在现场
12	兆欧表	1台	放在现场

2. 监理实施细则

监理实施细则又简称监理细则，其与监理规划的关系可以比作施工图设计与初步设计的关系。也就是说，监理实施细则是在监理规划的基础上，由项目监理机构的专业监理工程师针对建设工程中某一专业或某一方面的监理工作编写，并经总监理工程师批准实施的操作性文件。

项目监理部在承接工程建设监理任务后，首先要根据监理大纲、工程项目初步设计等文件编写出项目监理规划。然而项目监理规划往往只是一个宏观的控制原则和项目监理部工作计划的框架，很难包括各个专业工程的监理工作内容、工作程序、工作制度、质量控制指标等。特别是一些大中型工程项目，各类专业工程繁多，往往需要编写数十个以上的专业工程监理细则，才能满足指导专业工程监理工作的要求。

对工程项目，项目监理机构应编制监理实施细则。监理实施细则应符合监理规划的要求，并应结合工程项目的专业特点，做到详细具体、具有可操作性。

监理细则应在具备结构设计图纸和施工组织设计的情况下，由各专业的监理工程师负责编制，并经总监理工程师审核批准。

监理实施细则应包括下列主要内容：

（1）工程概况

建设工程名称、性质、用途和建设目的，开竣工日期、建设工程计划工期、地点、建筑规模、建筑结构类型、工程投资、资金来源及工程造价、工程质量要求、建设工程设计单位、施工单位、监理单位、建设工程设计图纸情况。

（2）专业工程的特点

根据结构施工图纸和结构总说明，掌握工程的特点、规模。对桩基础工程要熟悉桩的强度、标高，要熟悉桩的数量、直径、长度、每个桩承台中桩的间距，设计要求试桩的要首先进行试桩。针对预应力桩分析是否进行接桩，以及接桩采取的方法。对地质勘察报告、地质资料、地形要熟悉，"三通一平"条件是否符合要求。

（3）监理工作的流程

监理工作流程是监理工作程序化的体现（图 14-3）。监理工程师在工作中应执行国家建设程序，严格监理，热情为业主服务。

（4）监理工作的控制要点及目标值

1）质量控制要点：做到开（复）工有报告，监理人员对进场构件检查；构件进场应提供构件出厂合格证，桩基轴线的控制桩，应设在不受到压桩影响的地点，打桩顺序的确定原则：① 根据桩的密集程度，由中间向两边方向对称进行，或由中间向四周进行，由一侧向另一侧进行。② 根据桩的入土深度，宜先长后短。③ 根据桩的规格，宜先大后小。根据设计图纸确定的桩顶标高和地面标高情况控制实际的桩顶标高。管桩基础的工程桩成桩质量检查包括桩身垂直度、桩顶标高、桩身质量，并应符合：① 桩身垂直度允许偏差为 1‰；② 截桩后的桩顶标高允许偏差为 ±50mm；③ 桩位允许偏差应符合表 14-8 的规定。

桩位的允许偏差（单位：mm） 表 14-8

项次	项目		允许偏差
1	带有基础梁的管桩	垂直基础梁的中心线	$100+0.01H$
		沿基础梁的中心线	$150+0.01H$
2	桩数为 1～3 根桩基中的桩		100
3	桩数为 4～16 根桩基中的桩		1/3 桩径或 1/3 边长
4	桩数大于 16 根桩基中的桩	最外边的桩	1/3 桩径或 1/3 边长
		中间桩	1/2 桩径或 1/2 边长

注：H 为施工现场地面标高与桩顶设计标高的距离。

2）目标值：合格。

（5）监理工作的方法及措施

1）质量的事前控制。审查承包单位提出的材料、构件和设备清单及其所列的规格和品质，批准或不同意材料、构件、设备进场。审核施工单位提交的施工方案和施工组织设

施工组织设计报审

分包单位资质报审

预制桩供应单位资质报审

施工进度计划报审

预制桩、电焊条报审

施工机械备案证
施工人员上岗证
测量器具检定合格证

技术、质量、安全交底报审

施工测量放线报验

↓

开工报审

↓

静压桩 — 巡视、旁站、验收
1. 垂直度、压桩速率、环境检查;
2. 接桩焊接隐蔽验收;
3. 桩底、桩顶标高检查、桩孔覆盖

巡视 — 静荷载试验

巡视 — 低应变动测试验

复测 — 桩位偏差双向测量并记录

桩位分项质量报验

桩基工程质量评估报告

桩基分项工程质量移交并备案

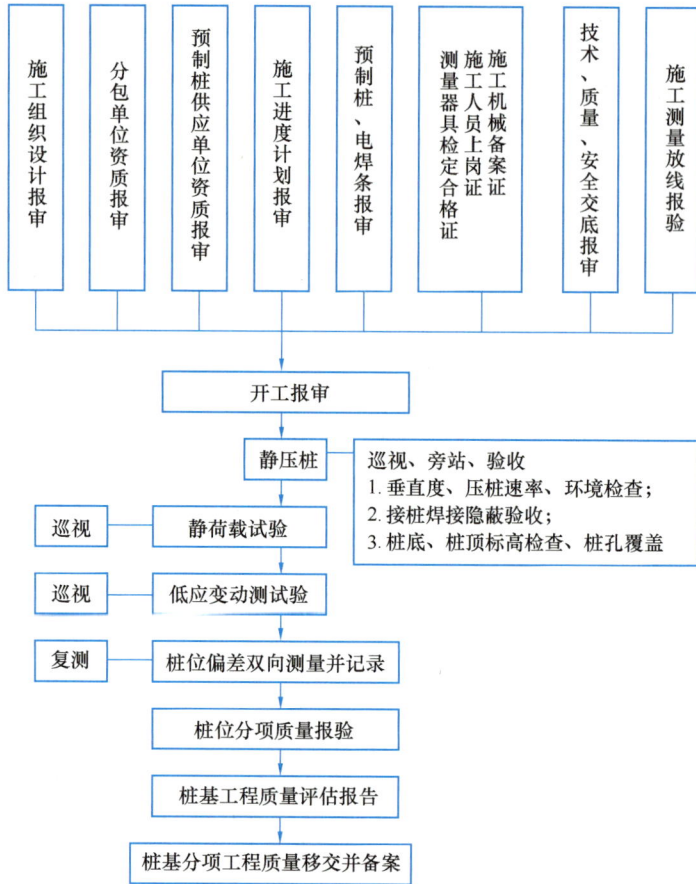

图 14-3　桩基工程监理工作流程

计,保证工程质量具有可靠的技术措施。督促施工单位完善质量保证体系,包括改进计量及质量检测技术和方法、手段。督促总承包单位健全现场质量管理制度,包括现场会议制度、质量检查制度、质量统计制度、质量事故报告及处理制度等。

2)质量的事中控制。严格工序间交接检查,重要工序(包括隐藏工序作业)完成后需按有关质量验收标准由监理人员检查验收后,方可进行下一道工序施工。

3)质量的事后控制。按相应的质量评定标准和办法,对完成的单项工程、单位工程进行检查验收。

参 考 文 献

［1］ 曾庆军，时思．建设工程监理概论［M］．北京：北京大学出版社，2009.

［2］ 中华人民共和国住房和城乡建设部．建筑工程施工质量验收统一标准：GB 50300—2013［S］．北京：中国建筑工业出版社，2013.

［3］ 中华人民共和国住房和城乡建设部．建设工程监理规范：GB/T 50319—2013［S］．北京：中国建筑工业出版社，2013.

［4］ 中华人民共和国住房和城乡建设部．建设工程文件归档规范（2019 年版）：GB/T 50328—2014［S］．北京：中国建筑工业出版社，2019.

［5］ 斯庆．建设工程监理［M］．2 版．北京：北京大学出版社，2015.

［6］ 中国建设监理协会．建设工程监理相关法规文件汇编［M］．北京：中国建筑工业出版社，2024.

［7］ 中国建设监理协会．建设工程信息管理［M］．北京：中国建筑工业出版社，2024.

［8］ 中国建设监理协会．建设工程合同管理［M］．北京：中国建筑工业出版社，2024.

［9］ 中国建设监理协会．建设工程监理概论［M］．北京：中国建筑工业出版社，2024.

［10］ 中国建设监理协会．建设工程质量控制［M］．北京：中国建筑工业出版社，2024.

［11］ 中国建设监理协会．建设工程进度控制［M］．北京：中国建筑工业出版社，2024.

［12］ 中国建设监理协会．建设工程监理案例分析［M］．北京：中国建筑工业出版社，2024.

［13］ 中国建设监理协会，中国工程建设标准化协会．建筑工程项目监理机构人员配置导则：T/CAEC 004—2023［S］．北京：中国建筑工业出版社，2023.